Frieder Gamm

Verhandlungen gewinnt man im Kopf

Frieder Gamm

Verhandlungen gewinnt man im Kopf

Erfolgreich kommunizieren mit Neuro-Strategien

REDLINE | VERLAG

Bibliografische Information der Deutschen Nationalbibliothek:
Die Deutsche Nationalbibliothek verzeichnet diese Publikation in der Deutschen Nationalbibliografie; detaillierte bibliografische Daten sind im Internet über http://d-nb.de abrufbar.

Redaktion: Vera Schneidereit
Korrektorat: J.T.A. Wegberg, Berlin
Umschlaggestaltung: Thomas Jarzina, Jarzina Kommunikations-Design
Umschlagabbildung/Illustration: Thomas Jarzina
Satz: Jürgen Echter, Landsberg am Lech
Druck: CPI, Ebner & Spiegel, Ulm
Printed in Germany

FRIEDER GAMM • VERHANDLUNGEN GEWINNT MAN IM KOPF

3. Auflage 2015

Nymphenburger Straße 86
80636 München
Tel.: 089 651285-0
Fax: 089 652096

Für Fragen und Anregungen:
lektorat@redline-verlag.de

ISBN Print: 978-3-86881-046-2
ISBN E-Book (PDF): 978-3-86414-134-8
ISBN E-Book (E-Pub, Mobi): 978-3-86414-483-7

Weitere Informationen zum Verlag finden Sie unter

www.redline-verlag.de

Beachten Sie auch unsere weiteren Verlage unter
www.muenchner-verlagsgruppe.de

Inhalt

Vorwort

von Prof. Christian E. Elger, Direktor der Klinik für Epileptologie und Wissenschaftlicher Geschäftsführer der Life & Brain GmbH im Universitätsklinikum Bonn

Viele Menschen glauben, dass die Wissenschaft kurz davor steht, die letzten Geheimnisse des Gehirns zu lüften. Das ist jedoch keineswegs der Fall. Die Hirnforschung hat zwar in den vergangenen zwei Jahrzehnten große Fortschritte gemacht und kann heute sowohl die Funktion größerer Hirnareale erklären als auch Vorgänge auf der Stufe einzelner Zellen und Moleküle beschreiben. Was jedoch noch fehlt, ist die Kenntnis darüber, mit welchen Codes die Milliarden Neuronen untereinander kommunizieren. Hier existieren zurzeit nur plausibel klingende Vermutungen.

Weltweit stellen die Neurowissenschaften einen der wichtigsten Forschungsschwerpunkte überhaupt dar. In der Hirnforschung sind Mediziner, Biologen, Pharmazeuten, Psychologen, Physiker und Ökonomen tätig. Kein anderes wissenschaftliches Feld ist so interdisziplinär aufgestellt wie die Hirnforschung. Der größte Teil der Aktivitäten widmet sich zwar der Grundlagenforschung, doch viele Fragestellungen richten sich auch auf ganz konkrete Anwendungen.

Somit verfügt die Wissenschaft bereits heute über ganz erstaunliche Erkenntnisse über das Gehirn: Wir wissen, welche Leistungen es vollbringen kann und auch, wo es an seine Grenzen stößt. Besonders beeindruckend ist nach wie vor die Lernfähigkeit des Gehirns. Auch im Erwachsenenalter bilden sich ständig neue Verschaltungen, mit denen sich der Mensch an verändernde Bedingungen anpasst.

Von besonderer Bedeutung ist hier die Erkenntnis, dass sämtliche innerpsychischen Prozesse mit neuronalen Vorgängen in bestimmten Hirnarealen einhergehen und somit beschrieben und entschlüsselt werden können. Damit sind schon heute – zumindest in Teilbereichen – grundsätzliche Vorhersagen über das Verhalten von Menschen in bestimmten Situationen möglich.

Das Life & Brain Institut im Universitätsklinikum Bonn betreibt in seinen beiden Schwerpunkten Neuroökonomie und Neuromarketing sowohl Grundlagen- als auch anwendungsorientierte Forschung. Mediziner und Wirtschaftswissenschaftler untersuchen hier, auf welche Weise das menschliche Gehirn Entscheidungen trifft und Bewertungen vornimmt. Damit ergänzen sie die empirische Wirtschaftsforschung um physiologische Daten, indem sie die Hirnaktivitäten und emotionalen Reaktionen von Versuchspersonen messen und auswerten.

Während die klassische Marktforschung weitgehend auf die subjektiven Äußerungen der Befragten angewiesen ist, erhält man mit den Methoden der Neuroökonomie und des Neuromarketings objektive Messwerte, die das Verhalten der Versuchsteilnehmer und deren Motive besser erklären können. Indem man dem Gehirn beim Denken zuschaut, erkennt man den Einfluss von Emotionen und kann so auch erklären, warum zum Teil irrationale Entscheidungen getroffen werden.

Wer bei Verhandlungen die aktuellen neurowissenschaftlichen Erkenntnisse berücksichtigt, ist klar im Vorteil. Das Belohnungssystem im Gehirn steuert unsere Entscheidungen weitaus stärker, als es viele Menschen wahrhaben möchten. Ein günstiger Preis, Fairness, aber oft auch schon ein Lächeln aktivieren es.

Aus diesem Grund empfiehlt es sich für jeden zu lernen, nicht nur das eigene Belohnungssystem, sondern auch das seiner Verhandlungspartner auf Trab zu bringen, um zu erfolgreichen Verhandlungsabschlüssen zu kommen.

Einführung: Fast alles ist heute verhandelbar

Jeder Deutsche, vom Schulkind bis zum Pensionär, führt statistisch gesehen pro Tag im Durchschnitt drei bis fünf Verhandlungen außerhalb der Familie. Von den 40 Millionen Erwerbstätigen kommt sogar jeder Einzelne auf fünf bis zehn Verhandlungen pro Tag. Alle, die im Ein- oder Verkauf tätig sind, liegen verständlicherweise sogar noch deutlich darüber.

Wem diese Zahlen als zu hoch erscheinen, der sollte sich bewusst machen, dass Deutschland im internationalen Vergleich beim Thema »Verhandeln« nur im unteren Drittel liegt. Andere Kulturen und Gesellschaften sind deutlich verhandlungsfreudiger, selbst in kleinen Dingen. Hier sind wir es einfach gewohnt, beispielsweise in Supermärkten und auf Wochenmärkten für Lebensmittel und Dinge des täglichen Bedarfs den geforderten Preis zu bezahlen. Statt zu verhandeln, achten wir in Deutschland beim Einkaufen eher auf Sonderangebote und Rabattaktionen.

Dabei hat sich auch Deutschland durch die 1968er-Bewegung längst von einer Obrigkeitsgesellschaft zu einer Verhandlungsgesellschaft gewandelt. Der strikte Gehorsam gegenüber den Anordnungen einer Autoritätsperson wurde in vielen Bereichen durch den Abgleich mit den eigenen Interessen ersetzt. Manche bedauern diesen Autoritätsverlust, ich halte jedoch mehr Selbstbewusstsein und ein stärkeres Selbstwertgefühl für durchaus begrüßenswert.

Allerdings sollte sich niemand in seinem Verhandlungsspielraum überschätzen, denn es ist nicht alles verhandelbar, sondern nur »fast« alles. Bei jeder Verhandlung kommt es auf die Machtverteilung zwischen den Parteien an. Manchmal ist sie offensichtlich, wie zum Beispiel bei einem Zollbeamten am Flughafen, der einen zum Öffnen der Koffer auffordert. Das ist eine niemals verhandelbare Situation; manchmal bleibt die Machtverteilung einer Partei jedoch auch verborgen.

Als ich beispielsweise einmal auf einem Flughafen in den USA meinen Anspruch auf einen Sitzplatz in einer höheren Klasse unbedingt durchsetzen wollte, weil ich ein entsprechendes Flugticket hatte, geriet ich hier im Nachhinein an meine Grenzen. Ein amerikanischer Freund riet mir davon ab, so nachdrücklich zu verhandeln, doch ich wollte nicht hören. Als wir dann zur Sicherheitskontrolle kamen, bat man mich zur Seite, und ich musste nicht nur meine Reisetasche auspacken, sondern mich auch noch bis auf die Unterwäsche ausziehen. Jetzt wusste ich, welche Macht die Beamten am Flughafen haben, und mein Freund konnte sich jeden weiteren Kommentar ersparen.

Die meisten Verhandlungen, die von der oben genannten Statistik gar nicht erfasst worden sind, finden übrigens innerhalb der Familie statt. Gerade kleine Kinder sind von Natur aus die besten Verhandlungskünstler. Das erlebe ich jeden Tag wieder mit meiner Tochter Paula. Das Erstaunliche: Kinder müssen das Verhandeln gar nicht lernen, sie machen es ganz einfach.

Kinder stellen klare Forderungen: »Ich möchte jetzt Pippi Langstrumpf sehen«, sie setzen Fragetechniken ein: »Warum darf ich jetzt nicht fernsehen?«, und sie arbeiten mit Emotionen, wenn zum Beispiel Tränen über die Wangen kullern, weil man ihnen etwas versagt, oder wenn sie einen Erwachsenen mit einem strahlenden Lächeln belohnen, nachdem er sich dann doch hat breitschlagen lassen: »Danke, Papa, du bist ja so lieb!«

In vielen Fällen sorgen während des Heranwachsens die Eltern, die Schule und die Gesellschaft dafür, dass die natürlichen Verhandlungstalente der kleinen Kinder nicht etwa weiter verfeinert und ausgebildet werden, sondern entweder degenerieren oder in einem maßlosen Anspruchsdenken münden. Deshalb müssen die meisten Erwachsenen das Verhandeln noch einmal von Grund auf ganz neu lernen, um im Alltag zu ihrem Recht zu kommen und sich nicht immer wieder von anderen unterbuttern zu lassen.

Es gibt zwei Formen der interessenorientierten Kommunikation: Die eine ist die sogenannte Anordnung. Das bedeutet, hier gibt es nur eine Richtung, in der die Kommunikation läuft, und eine klare Über- und Unterordnung. Das andere ist die Verhandlung. Hier geht die Kommunikation in beide Richtungen, und beide Verhandlungspartner haben, zumindest während der Verhandlung, eine weitgehend gleichberechtigte Position inne.

Natürlich erteilen viele Menschen lieber Anordnungen, als sich einer Verhandlung zu stellen, das ist bequemer, spart Zeit und ist im Ergebnis eher vorhersehbar. Eine solche Anmaßung von Autorität ist eine der beliebtesten Manipulationsmethoden. Jedoch sollte sich niemand blindlings darauf einlassen, sondern stets prüfen, welcher Spielraum für Verhandlungen besteht, und sich dann entsprechend darauf vorbereiten.

Die meisten Menschen gehen davon aus, dass es in jeder Verhandlung einen Gewinner und einen Verlierer geben muss. Das ist jedoch falsch. Die besten Verhandlungen sind die, in denen sich jeder der Verhandlungspartner zum Schluss als Gewinner fühlen kann. In der Realität sieht es allerdings so aus, dass bei 70 Prozent aller Verhandlungen einer der Verhandelnden die Ergebnisse als unbefriedigend empfindet. Das bedeutet, dass sich bei einem Großteil der Verhand lungen eine der beiden Parteien als Verlierer empfindet.

Dieses Resultat lässt sich allerdings mit den innerhalb der Seminare der Frieder-Gamm-Group erlernten Methoden deutlich verbessern. 75 Prozent aller Seminarteilnehmer waren nach der Anwendung unserer Methoden mit ihren späteren Verhandlungsergebnissen zufrieden. Und das beweist, dass jeder das richtige Verhandeln lernen und üben kann.

Richtig zu verhandeln bedeutet keineswegs, seine Wünsche und Vorstellungen rücksichtslos und zu 100 Prozent auf Kosten eines anderen durchzusetzen, sondern vielmehr Mittel und Wege zu finden, möglichst alle Beteiligten zufriedenzustellen und dafür Rechnung zu tragen, dass niemand sein Gesicht verlieren muss. Es bedeutet noch lange keine Schwäche, in einem Punkt nachzugeben und sich flexibel zu zeigen – vorausgesetzt, man bekommt an einer anderen Stelle das, was man sich wünscht. Wie man sich richtig vorbereitet und richtig agiert, erfahren Sie in diesem Buch.

Weil das Gehirn eines jeden Menschen sein wichtigstes Verhandlungsinstrument ist, habe ich mir einen virtuellen Partner geschaffen: »Professor Neuro«. Dieser repräsentiert das Wissen der Hirnforschung und der Neurowissenschaften, die nicht nur in der Wirtschaft, sondern in allen Bereichen unseres Lebens eine immer größere Bedeutung gewinnen. Professor Neuro wird meine Erfahrungen und Ratschläge im Verlauf des Buches kommentieren und sie mit den neuesten wissenschaftlichen Erkenntnissen untermauern. Der Leser erfährt dadurch sowohl, wie man richtig und erfolgreich verhandelt, als auch, weshalb die Grundlagen dafür in unserem Gehirn verankert sind.

In unserem Kopf gibt es sowohl ein soziales, als auch ein ökonomisches System, die beide in Verhandlungen aktiviert und in Einklang gebracht werden müssen. Unser Wissen, unsere Erfahrungen und unsere Erinnerungen spielen eine ebenso große Rolle wie unsere Emotionen, unsere Rationalität, unsere Werte und nicht zuletzt unser Belohnungssystem, das darüber entscheidet, ob wir uns am Ende einer Verhandlung gut fühlen oder nicht. Lassen Sie uns also beginnen!

Warum Sie verhandeln müssen!

Was Sie in diesem Kapitel erwartet:

Sie erfahren, warum Sie verhandeln müssen und was unter neurowissenschaftlichen Gesichtspunkten eine Verhandlung ausmacht. Sie werden außerdem sehen, warum es so wichtig ist, etwas haben zu wollen, um es auch zu bekommen. Schließlich geht es um die Frage, warum viele Menschen nicht gern verhandeln und wie man seine Einstellung dem Verhandeln gegenüber ändern kann.

Fallbeispiel:

Wahrscheinlich kennen Sie alle den von der Werbeagentur BBDO Düsseldorf entwickelten TV-Werbespot für die Puddingcreme Wölkchen von Dr. Oetker:

Ein junger Mann sitzt neben seinem Auto und löffelt einen Pudding. Da nähert sich eine Politesse. Der junge Mann begrüßt sie: »Oh, hallöchen!« Sie fragt: »Ist das Ihr Wägelchen?« Er: »Ja, ich hatte gerade ein Hüngerchen.« Daraufhin sie: »Dann hab ich hier ein Knöllchen«.

Was kann der junge Mann jetzt tun? In den Wagen springen und sofort wegfahren oder bleiben und das Knöllchen zähneknirschend akzeptieren? Er entscheidet sich für eine dritte Lösung, nämlich zu verhandeln:

»Wie lösen wir denn das Problemchen? Vielleicht mit einem Becherchen?«

Das war offensichtlich der richtige Vorschlag. Denn anschließend sehen wir beide einvernehmlich nebeneinander sitzen und einen Pudding löffeln. »Und alles ist Wölkchen.«

Ich habe bereits in der Einleitung dargestellt, dass es nur zwei Formen der interessenorientierten Kommunikation gibt. Die eine besteht in der Anordnung, die das Gegenüber befolgt, und die zweite bildet die Verhandlung, in der beide Interessenparteien gemeinsam eine möglichst einvernehmliche Lösung finden.

Im Wölkchen-Beispiel ist es so, dass sich beide Verhandlungspartner auf einen Kompromiss einigen, indem sie die endgültige Entscheidung einfach etwas hinausschieben. Beide können ihren Pudding genießen, danach kann der junge Mann seinen Wagen fortfahren, während die Politesse mit großer Wahrscheinlichkeit auf die Erteilung des Knöllchens verzichtet.

Praxistipp:

In dem Wölkchen-Beispiel lernen wir ein wichtiges Element der Verhandlungen kennen: die Zeit! Wahrscheinlich kennen Sie alle den alten Bürospruch »Nichts ist so wichtig, als dass es durch Aufschieben nicht noch wichtiger werden würde. Und manches erledigt sich dann auch von selbst.« Genau das passiert in diesem Beispiel.

Die Verhandlung dient nicht dazu, eine Entscheidung herbeizuführen, so dass eine von beiden Seiten nachgeben muss. Das Verhandlungsergebnis besteht vielmehr darin, dass sich beide Partner darüber geeinigt haben, die Entscheidung zu vertagen, weil sich das Problem dann, zumindest in diesem Fall, mit sehr großer Wahrscheinlichkeit in Luft auflösen wird.

Natürlich kann man damit in der Praxis keineswegs immer rechnen. Aber der Faktor Zeit wird gerade bei der Lösung von Problemen häufig unterschätzt. Preise können manchmal schon in wenigen Tagen oder Wochen fallen oder steigen, so dass man durch eine Vertagung zu einer ganz anderen Verhandlungsgrundlage kommen kann. Oder man kann die gewonnene Zeit nutzen, einen anderen Anbieter oder Käufer zu finden.

Natürlich ist es auch möglich, durch die knapper werdende Zeit bis zur Fertigstellung eines Projekts einen Verhandlungspartner zu mehr Leistung oder einen anderen zu finanziellen Zugeständnissen zu veranlassen.

Wer den Faktor Zeit in seine Verhandlungsführung mit einkalkuliert, kommt oft zu anderen strategischen Entscheidungen. Allerdings kann der Faktor Zeit in manchen Fällen auch bedeuten: Jetzt oder nie.

Viele werden jetzt einwenden, dass dieses »Wölkchen-Beispiel« nur eine Fiktion aus der Werbung ist und man in Wirklichkeit überhaupt nicht mit der staatlichen Autorität verhandeln kann. Doch für diese Annahme gibt es zwei Gegenbeispiele aus meiner eigenen Familie:

In der Praxis ist es tatsächlich so, dass der Staat ein Gewaltmonopol hat und dem Bürger diktieren kann, was dieser zu tun und zu lassen hat. Das Thema »Verhandeln mit einem Monopolisten« wird in diesem Buch noch häufiger auftauchen. Die nun folgenden Beispiele geben schon einen Hinweis darauf, wie man mit Monopolisten umgehen kann, ohne Druck zu erzeugen.

Gerade bei Behörden und Ämtern zeigt die Erfahrung, dass Druck im Zweifelsfall nur Gegendruck erzeugen würde. Aber zum Glück haben wir es bei staatlichen Organen ja nicht mit seelenlosen Institutionen zu tun, sondern mit Menschen, und dies sollte man bei Verhandlungen, besonders wenn man sich dafür eine Strategie bereitlegt, nie aus den Augen verlieren.

Fallbeispiel:

Es ist schon etwas her, dass meine Mutter einen Lada Niva fuhr, ein Auto in klassischer Ponton-Bauweise, das von vorne und von hinten fast gleich aussah. Mit diesem Wagen ist meine Schwester bei Rot über eine Ampel gefahren und wurde dabei geblitzt. Meine Mutter als Halterin des Fahrzeugs wurde daraufhin zur Polizei eingeladen, um den Fahrer zu identifizieren.

Dummer- beziehungsweise glücklicherweise hatte sie ihre Brille zu Hause vergessen. Als der Polizist ihr das Foto vorlegte, damit sie den Fahrer identifizierte, war die erste Frage meiner Mutter, ob das Bild von vorne oder von hinten aufgenommen worden sei. Der Polizist blickte verdutzt, dann sah er, dass diese Frage ganz ehrlich gemeint war. Daraufhin schrieb er: »Die Fahrzeughalterin konnte den Fahrer des Fahrzeugs nicht identifizieren« und klappte die Akte zu. Der Fall war erledigt.

Viele werden mich jetzt fragen wollen, ob das denn überhaupt schon eine Verhandlung war. Hier wurden doch gar keine Argumente ausgetauscht oder irgendwelche Ausreden gesucht. Trotzdem war es eine Verhandlung. Meine Mutter hatte durch ihre Ehrlichkeit überzeugt, denn dem Beamten war klar, dass sie das Bild wirklich nicht genau erkennen konnte.

Viele Menschen glauben, dass man Verhandlungen nur durch raffinierte Argumente gewinnt und sich nur so gegen einen vermeintlich stärkeren Gegner durchsetzen kann. Doch das ist auch im nächsten Beispiel nicht der Fall:

Fallbeispiel:

Hier war es meine Frau, die einen Strafzettel für zu schnelles Fahren bekommen sollte und deshalb einen sogenannten Anhörungsbogen zugeschickt bekam. Ich selbst zermartere mir in einem solchem Fall oft den Kopf, um zu erklären, warum ich eigentlich nicht schuldhaft gehandelt habe. Meine Frau ist da anders. Sie schrieb als Erklärung, dass sie es leider eilig hatte, weil sie unsere Tochter noch rechtzeitig in den Kindergarten bringen musste.

Offensichtlich hat sie damit genau die Erfahrungen getroffen, die die bearbeitenden Beamten oder Beamtinnen schon selbst gemacht hatten. Wir haben von der Angelegenheit nichts mehr gehört. Sie sehen also, man kann auch schriftlich verhandeln, und manchmal ist es wirklich besser, bei der schlichten Wahrheit zu bleiben, um beim Verhandlungspartner die gewünschten Reaktionen auszulösen.

Frage an Professor Neuro: Was ist eigentlich eine Verhandlung unter neurowissenschaftlichen Gesichtspunkten?

Eine Verhandlung ist eine ganz bestimmte Form der Kommunikation, und sie bildet aus wissenschaftlicher Sicht eine Kette von vielen einzelnen Entscheidungen, die am Ende als Verhandlungsergebnis in eine gro-

ße Entscheidung münden. Doch bevor man dieses Ergebnis hat, werden von den Verhandlungspartnern Schritt für Schritt viele kleine Entscheidungen, die dann in Reaktionen und Argumenten ihren Ausdruck finden, getroffen.

Im Grunde geht es aus wissenschaftlicher Sicht bei Verhandlungen ganz grundsätzlich um das Verhalten von Menschen in bestimmten Situationen. Das hört sich zunächst sehr abstrakt an. Doch was die Neurowissenschaften brennend interessiert, ist ganz simpel: »Was passiert im Gehirn eines Menschen, wenn er sich in einer bestimmten Weise verhält oder wenn er auf einen ganz bestimmten Reiz reagiert?«

Die funktionelle Magnetresonanztomografie macht es seit etwas mehr als fünfzehn Jahren möglich, den Menschen beim Denken zuzuschauen und zu sehen, welche Gehirnregionen in welcher Situation aktiv werden oder nicht. Da man eine recht gute Vorstellung davon hat, wofür bestimmte Hirnregionen zuständig sind, kann man also auch recht aussagefähige Annahmen darüber treffen, was tatsächlich im Kopf passiert. Es lässt sich beispielsweise ablesen, ob es sich eher um eine rational oder um eine emotional bestimmte Entscheidung handelt.

Und man kann sehen, ob sich in Experimenten bestimmte theoretische Annahmen bestätigen lassen oder nicht. Das hat zum Beispiel dazu geführt, dass wir die Vorstellung vom Homo oeconomicus weitgehend fallen lassen mussten. Der Mensch handelt nämlich weitaus weniger zweckrational und nutzenorientiert, als es in den ökonomischen Theorien angenommen wurde.

Wenn es aber nun nicht die Vernunft ist, die uns zu bestimmten Verhaltensweisen und Entscheidungen führt, was ist es dann? Ganz sicher spielt hier das sogenannte Belohnungssystem eine große Rolle. Doch wofür belohnt es uns? Die einfache Antwort lautet: dafür, dass wir Dinge tun, die von uns ganz subjektiv als positiv und erfolgreich erlebt werden.

Wenn man einen Menschen fragt, warum er in einer Verhandlung eine ganz bestimmte Entscheidung getroffen hat, wird er uns mit großer Sicherheit eine Reihe vernünftiger Argumente dafür anbieten. Doch wahrscheinlich handelt es sich dabei nur um eine Art »Bedeutungssoße«, mit der die eigentlichen Gründe übergossen werden, um sie für andere Menschen nachvollziehbar und akzeptabel zu machen. In Wirklichkeit weiß er es gar nicht so genau, denn die meisten Vorgänge und Abläufe im Gehirn erfolgen unbewusst, und zum Unbewussten haben wir keinen Zugang.

Das, was wir von uns bewusst wahrnehmen, sind häufig Fakten, Gründe und Zusammenhänge, die im Unbewussten bereits bearbeitet worden sind und uns dann in mundgerechten Häppchen ins Bewusstsein gereicht werden, wo sie schließlich abgesegnet werden.

Ganz wesentliche Erkenntnisse über die Funktionsweise des Gehirns wurden zum Beispiel im Zusammenhang mit der Erforschung der Wirkung von Marketingkommunikationsmaßnahmen gewonnen. Das, was das sogenannte Neuromarketing dort entdeckt hat, lässt sich auch auf Verhandlungsstrategien übertragen, zum Beispiel darauf, welche Bedeutung das Umfeld, Erinnerungen oder bestimmte Signale haben.

Viele Experimente, die Aufschluss darüber geben sollen, wie Entscheidungen im Gehirn getroffen und verarbeitet werden, basieren auf Verhandlungsspielen, in denen einer der Verhandlungspartner ein Angebot macht und der andere dieses annimmt oder ablehnt. Man hat damit komplexe Verhandlungen in ihre kleinsten Schritte zerlegt, die man dann nicht nur genau beobachten, sondern in ihren Auswirkungen auch präzise beurteilen kann.

Verhandlungen im landläufigen Sinne bestehen also, wie schon eingangs festgestellt, aus einer komplexen Abfolge einzelner Entscheidungsschritte der Verhandlungspartner. Die Wissenschaft ist heute bereits so weit, auch schon die Entscheidungsgründe erklären zu können. Sie hat nämlich untersucht, welche Einflussfaktoren auf welche Weise auf bestimmte Entscheidungen wirken.

Insofern ist es möglich, Entscheidungen und damit Verhandlungen zu beeinflussen, indem man diese Faktoren von vornherein mit in Betracht zieht. Wie das im Detail geschehen kann, werden wir im weiteren Verlauf des Buches noch sehen.

Ich will es!

Fallbeispiel:

Es ist schon ein paar Jahre her, dass ein besonders schönes, elegantes und besonders flaches Sony-Notebook auf den Markt kam. Ich bin lange um dieses herumgeschlichen, konnte mich aber nicht zum Kauf entscheiden, weil der Preis bei 2.500 Euro lag und daran auch nicht zu rütteln war.

Eines Tages sah ich die Anzeige eines großen Elektrogerätemarktes bei mir in Stuttgart, der das von mir so heiß begehrte Gerät für 2.100 Euro anbot. 400 Euro günstiger als bisher, ein Schnäppchen. Um mich zu versichern, habe ich sofort im Internet recherchiert, um festzustellen, wie dort die Preissituation für dieses Gerät war. Unter 2.300 Euro war es nirgendwo zu bekommen.

Also habe ich mich schnell aufs Fahrrad geschwungen und bin wie der Blitz zu dem Elektromarkt gefahren. Tür auf, nichts wie hinein, hin zum Notebook und die Hand auf das Gerät gelegt. Das war jetzt meins, für mich reserviert. Dann habe ich den Verkäufer herangewinkt und gerufen: »Das will ich haben.« Vorsichtshalber habe ich die Hand nicht von dem Gerät genommen; schließlich weiß man ja nie, ob nicht jemand von hinten kommt und es einem noch vor der Nase wegschnappt.

Der Verkäufer kam zu mir und wollte wissen, ob ich nicht noch einige technische Fragen hätte. Ich, Fragen? Ich wollte es haben. Aber dann habe ich ihm doch noch ein paar Fragen gestellt, um ihn zufriedenzustellen und ihn nicht aus seinem Verkaufskonzept zu bringen. Der Verkäufer sagte mir, ich könne ruhig locker bleiben, sie hätten noch einige auf Lager. Also habe ich die Hand vom Gerät genommen und es nur noch mit einem Finger festgehalten.

Als er sich schon auf dem Weg zum Lager machte, um mir ein originalverpacktes Notebook zu holen, gewann in mir der Einkäufersachverstand, den ich so lange vor lauter Haben-Wollen verdrängt hatte, noch einmal die Oberhand. Ich rief ihm hinterher, mehr als 1.900 Euro würde ich aber dafür nicht bezahlen.

Er drehte sich um, und ich wollte schon sagen, das sei nur ein Witz, als er sagte: »Da muss ich mal meinen Chef fragen.« Also gingen wir beide zum Chef, der schaute in seinen Computer, rechnete ein wenig hin und her und sagte »Unter 1.500 Euro können wir es Ihnen nicht verkaufen.« Mir fiel die Kinnlade herunter. »Okay, dann nehme ich es halt für diesen Preis.«

Als ich den Laden mit meinem tollen Notebook verließ, konnte ich mich, ehrlich gesagt, gar nicht so recht freuen. Wenn ich den Preis von 2.100 auf 1.900 Euro heruntergehandelt hätte, wäre das für mich ein richtiges Erfolgserlebnis gewesen. Festzustellen, dass ich statt 600 Euro einen Nachlass von 1.000 Euro bekommen hatte, ohne etwas dafür tun zu müssen, gab mir zu denken. Wieso hat der Verkäufer mir das Gerät nicht für 2.100 Euro mitgegeben, nachdem ich doch so starke und eindeutige Kaufsignale gesendet habe?

Heute bin ich der Überzeugung, dass er meine Signale vollkommen falsch gedeutet haben muss. Meine wilde Entschlossenheit, dieses Gerät zu erwerben und zu besitzen, hat er offensichtlich nicht so interpretiert, dass ich auch bereit gewesen wäre, alles, was er fordert, zu zahlen, sondern ganz offensichtlich nur so, dass ich mit allen Mitteln um dieses Gerät kämpfen würde.

Wie man die Signale eines anderen Menschen interpretiert, hängt nicht nur von dessen innerer Einstellung ab, sondern auch von der eigenen. Vielleicht war der Verkäufer gar nicht daran interessiert, besonders hohe Gewinne einzufahren, weil es kein Provisionssystem gab, das ihn daran beteiligt hätte. Vielleicht kam es ihm nur darauf an, überhaupt etwas zu verkaufen, um in der abendlichen Statistik positiv dazustehen.

Um einer möglicherweise harten Verhandlung und emotionalen Konfrontationen aus dem Weg zu gehen, hat er die einfachere Lösung gewählt, nämlich mir jeden Wind aus den Segeln zu nehmen, indem er mir so weit entgegenkam, dass ich auf jede weitere Verhandlung verzichtete und sofort kaufte.

Allerdings wird es einem im Leben nicht immer so leicht gemacht wie in diesem Fall. Natürlich ist es gut, wenn man Entschlossenheit und Kampfbereitschaft signalisiert, aber man muss eben auch immer damit rechnen, auf einen Verhandlungspartner zu treffen, der ebenso entschlossen ist, seine Position zu vertreten, wie man selbst die eigene.

Erklärung von Professor Neuro:

Das Gehirn kann sehr gut zwischen einem unerwarteten und einem erwarteten, angenehmen Ereignis unterscheiden. Auch hier ist die Reaktion bei einer Überraschung größer, als wenn man nur das bekommt, was man ohnehin bekommen sollte.

Insgesamt ist die Aktivierung des Belohnungssystems bei monetären Gewinnen oder Verlusten stärker von den Bedingungen abhängig, unter denen diese Ereignisse stattfinden, als von der absoluten Höhe des Gewinns oder des Verlustes. Das heißt, der Abgleich zwischen unseren Erwartungen und dem eintretenden Ereignis ist von größerer Bedeutung als das Ereignis selbst.

Absolut ungünstig wirkt es sich aus, in Verhandlungen zu gehen und selbst nicht zu wissen, was man genau möchte. Auch diese Unentschlossenheit wird unbewusst der Gegenseite signalisiert und von ihr oft so umgesetzt, dass der eine Verhandlungspartner dem anderen erklärt, was er eigentlich wirklich will und was er zu tun hat, um diese Wünsche zu realisieren.

Auch solche Verhandlungen können jedoch zu durchaus positiven Ergebnissen führen, nämlich zu denen, dass der eine nun endlich glaubt zu wissen, was er will und wie er es bekommen kann, und der andere seine Leistungen oder Produkte zu dem Preis verkaufen kann, den er haben wollte.

Merksatz:

Ob wir etwas wollen oder nicht, spiegelt sich in unbewussten Signalen an unsere Umwelt wider.

Frage an Professor Neuro: Warum wollen wir etwas, und wie trifft das Gehirn solche Entscheidungen?

In den 1950er-Jahren pflanzten die beiden Wissenschaftler James Olds und Peter Millner Affen Elektroden ins Gehirn, um bei ihnen durch elektrische Reize Emotionen auszulösen. Ohne dass sie es beabsichtigten, führten sie offensichtlich eine Elektrode in einen Bereich des Gehirns ein, den wir heute Belohnungssystem nennen. Durch die elektrische Aktivierung dieser Region stellte sich bei den Versuchstieren ein solches Wohlbefinden ein, dass sie nicht mehr aufhören konnten, sich selbst zu reizen.

Dieses Wohlbefinden ist von so elementarer Natur, dass es mit keinem anderen positiven Gefühl wie zum Beispiel einer starken sexuellen Erregung oder der Befriedigung des Hungergefühls zu vergleichen ist.

Insgesamt ist das Belohnungssystem eine recht komplexe Struktur, die verschiedene Gehirnareale umfasst. Die wichtigsten sind der Nucleus accumbens, der einen Teil des für die Emotionen zuständigen limbischen Systems darstellt, und das ventrale tegmentale Areal des Mittelhirns sowie die präfrontale Region der Großhirnrinde. Neuere Forschungsergebnisse lassen allerdings vermuten, dass noch weitere Hirnregionen dem Belohnungssystem zuzurechnen sein können.

Wenn das Belohnungssystem aktiv ist, fühlt sich ein Mensch gut und zufrieden. Er ist in einem Zustand, den sich jeder dauerhaft wünscht. Doch leider stellt dieser sich nur selten von allein ein. Das Belohnungssystem muss ständig aktiviert werden, und genau darin liegt sein Zweck. Würden wir ständig im Wohlgefühl schwelgen, verhielten wir uns vollkommen passiv. Die Konsequenz wäre, wir würden nicht arbeiten, ja wir würden sogar vergessen zu essen und zu trinken und letztendlich verhungern oder verdursten.

Deshalb treibt uns das Belohnungssystem ständig an, irgendetwas zu wollen. Wir wollen etwas lernen, etwas tun, etwas leisten und eben oft auch etwas Bestimmtes haben. Je näher wir unserem Ziel kommen, umso größer ist die Belohnung, die wir in unserem Gehirn spüren. Ist das Ziel jedoch erst einmal erreicht, sinkt die Belohnungskurve ab, und wir halten nach neuen Aufgaben Ausschau.

Da im Belohnungssystem keine sogenannte Habituation, also Gewöhnung, eintritt, werden wir immer wieder aufs Neue dazu angehalten, ein Erlebnis herbeizuführen, welches das Belohnungssystem aktiv werden lässt. Es macht dabei für das Gehirn allerdings keinen prinzipiellen Unterschied, ob man nun eine Elektrode im Kopf sitzen hat, ob man das gute Gefühl durch Drogen hervorruft oder durch sportliche Leistung.

Wichtig ist dem Belohnungssystem nur, dass es aktiviert wird, damit wir uns wohl fühlen. Wenn wir erst einmal herausgefunden haben, welche Aufgaben das Belohnungssystem aktivieren, wird das auch eine Veränderung unserer Verhaltensstruktur herbeiführen. Was wir erfolgreich tun, werden wir wieder machen, was uns dagegen frustriert, lassen wir nach Möglichkeit bleiben.

Welche Rolle spielen nun in diesem Zusammenhang Verhandlungen?

Ein Experiment, das der amerikanische Hirnforscher Brian Knutson mithilfe der funktionellen Magnetresonanztomografie durchgeführt hat, gibt darüber Aufschluss, wie sich Verhandlungen hier auswirken. Zunächst zeigte er den Versuchsteilnehmern Bilder von Dingen, die sie kaufen konnten. Danach wurde der Preis des Produktes eingeblendet und die Versuchsperson aufgefordert, eine Entscheidung zu fällen.

Nehmen wir einmal an, der Versuchsperson wird das Bild eines neuen Notebooks gezeigt. Im funktionellen Magnetresonanztomografen kann man sehen, dass sie es gern hätte. Nun wird ein Preis in Höhe von 2.000 Euro eingeblendet, und der Proband muss sich entscheiden. 2.000 Euro sind der Versuchsperson zu viel, und sie lehnt ab. Nun kommt als nächste Frage, wie viel die Versuchsperson denn gezahlt hätte. Sie nennt dann eine Summe von 600 Euro. An den Gehirnaktivitäten kann man ganz deutlich ablesen, dass der hohe Preis eine Reaktion in einer Gehirnregion ausgelöst hat, die sonst für die Verarbeitung von Schmerzen zuständig ist.

Nun führen wir denselben Test noch einmal mit einer anderen Versuchsperson durch. Auch sie möchte das Notebook gern erwerben, und der eingeblendete Preis liegt diesmal nur bei 800 Euro. Die Entscheidung ist klar, die Testperson möchte es kaufen. Auf die Frage, wie viel sie denn bereit gewesen wäre, dafür zu zahlen, nennt sie vielleicht eine Summe von 1.800 Euro. Nur 800 Euro bezahlen zu müssen, bereitet dem Belohnungssystem Freude, was sich auch deutlich in den Gehirnaktivitäten widerspiegelt.

Was sich in der ganzen Testreihe herausstellte, war, dass all die Testpersonen, die den Kauf abgelehnt haben, weil ihnen der Preis zu hoch erschien, einen sehr viel niedrigeren Preis nannten, den sie zu zahlen bereit gewesen wären, als die Personen, die das Notebook zu einem günstigen Preis kaufen konnten.

Ganz offensichtlich konnten die Nichtkäufer ihre durch den Verzicht ausgelösten »Schmerzen« dadurch etwas dämpfen, dass die Diskrepanz zwischen gefordertem und gebotenem Preis besonders groß ausfiel. Diejenigen, die sich allerdings zum Kauf für einen günstigen Preis entschlossen hatten, konnten ihre Freude darüber noch dadurch steigern, dass ihnen das Gerät im Nachhinein viel mehr wert gewesen wäre.

Was dieser Versuch gezeigt hat, ist, dass Gewinne und Verluste unabhängig voneinander in verschiedenen neuronalen Systemen verarbeitet werden. Was man bei diesem Experiment nicht untersucht hat, ist hingegen die Frage, was passiert wäre, wenn die Versuchsperson, der der Preis zu hoch gewesen war, die Möglichkeit erhalten hätte, über den Preis zu verhandeln. Wahrscheinlich wäre es bei einer erfolgreichen Verhandlung möglich gewesen, die Schmerzen über den hohen Kaufpreis in ein Gleichgewicht zur Freude über das erworbene Notebook zu bringen.

Die Hirnforschung weiß nämlich, dass jede Kaufentscheidung das Ergebnis eines Wettbewerbs im Kopf ist zwischen der Freude, etwas zu bekommen (Belohnung), und dem Schmerz, etwas dafür bezahlen zu müssen (Verlust).

Merksatz:

Wir wollen etwas, um das Belohnungssystem zu aktivieren, und wir sollten verhandeln, weil wir dadurch die Chance haben, mehr Freude als Schmerz zu erleben. Außerdem wird uns das Belohnungssystem bei jeder erfolgreichen Verhandlung auch noch eine große Portion Zufriedenheit bescheren. Verhandler sind Menschen, die öfter als andere Menschen Zufriedenheit in Verhandlungen finden.

Warum viele Menschen nicht gern verhandeln

Fallbeispiel:

Ein Freund von mir, der ebenso wie ich als Verhandlungstrainer tätig ist, feierte seine Hochzeit mit über 100 Gästen in einem bezaubernden Schlosshotel. Es war ein großartiges Fest, bei dem jedes noch so kleine Detail stimmte. Nachdem er von der Hochzeitsreise zurückgekehrt war, nahm ich ihn beiseite und fragte ihn, was denn dieses Superfest gekostet hat. Er nannte mir einen Betrag im fünfstelligen Bereich, auf den ich antwortete: »Toll, bei den gebotenen Leistungen stimmt der Preis. Aber nun verrate mir doch noch einmal, was hätte es für jemanden gekostet, der nicht verhandelt?«

Seine Antwort überraschte mich. »Genau dasselbe, was ich gezahlt habe. Ich habe nämlich gar nicht verhandelt.« »Und warum nicht?« »Ich hatte einfach Sorge, wenn ich jetzt den Preis drücke, bekomme ich nachher auch weniger Leistung. Vielleicht merkt man es dementsprechend am Service, und meine Gäste müssen warten, bis ihnen der Wein nachgeschenkt wird. Das wollte ich einfach nicht.«

Was war hier passiert? Ein Verhandlungsprofi hat tatsächlich nicht verhandelt. Warum? Zum einen war er wohl auf das Gespräch mit dem Hotelier nicht gut vorbereitet. Schließlich heiratet man meist nur einmal im Leben. Er hat sich auch keinen professionellen Berater mitgenommen, der wusste, worauf es bei der Organisation solcher Feiern ankommt und was sie kosten dürfen. Außerdem wollte er unbedingt in diesem Schloss feiern; deshalb hat er auf Alternativangebote verzichtet.

Dass auch ein professioneller Verhandler solche Fehler macht und die emotionalen Aspekte einschließlich der Angst, dass nicht alles so klappen könnte wie gewünscht, die Oberhand gewinnen, ist in diesem Fall sicherlich verzeihlich. Die Geschichte gibt aber auch einen guten Hinweis darauf, weshalb Menschen in anderen Situationen ebenfalls darauf verzichten zu verhandeln, obgleich sie es eigentlich könnten.

Generell lassen sich zwei Hauptgründe ausmachen, weswegen Menschen nicht gern oder gar nicht verhandeln: der eine besteht in der Unsicherheit und der andere in der Mentalität. In dem eben dargestellten Beispiel haben wir gesehen, dass mein Freund unsicher war, weil er den Markt für Hochzeitsfeiern nicht gut genug kannte. Solche mangelnde Marktkenntnis lässt sich sowohl durch eigene Recherchen als auch durch das Hinzuziehen eines Fachmanns beseitigen.

Eine weitaus größere Unsicherheit besteht gerade bei Menschen, die nicht professionell als Ein- oder Verkäufer arbeiten. Ihr Manko ist, dass sie oft gar nicht wissen, was sie tatsächlich wollen. Doch nur wenn ich eine klare Vorstellung von meinem Ziel habe, kann ich auch darüber verhandeln. Denken Sie an das Beispiel mit meinem Sony-Notebook.

Wer unsicher ist, ob er das, worüber es zu verhandeln gilt, auch tatsächlich haben möchte, wenn der Preis stimmt, oder ob er nicht doch lieber etwas ganz anderes hätte, geht mit schlechten Karten in eine Verhandlung. Professionelle Verkäufer merken nämlich sehr schnell, ob ihr Kunde tatsächlich interessiert oder doch noch unentschlossen ist.

Mit unentschlossenen Kunden zu verhandeln, wird von vielen Verkäufern nur als Zeitverschwendung angesehen, weil der Kunde sich wahrscheinlich auch bei einem noch so guten Angebot nicht entscheiden kann und den Laden wieder verlässt. Unsichere Kunden werden allerdings auch von ihrer Seite her Verhandlungen vermeiden, weil sie sich dann auf einmal unter Zugzwang gesetzt sehen, ja oder nein sagen zu müssen.

Was hat es nun mit der Mentalität auf sich? Ein Beispiel aus meinem privaten Umfeld: Meine Eltern haben drei Jahre lang in Griechenland in Saloniki gelebt. Immer wenn ich sie besuchen kam, bin ich einkaufen gegangen. Markenjeans gab es dort damals zum Beispiel für die Hälfte von dem, was sie in Deutschland gekostet haben. Allerdings musste ich verhandeln, was mir einen Riesenspaß machte. Meiner Mutter war das immer hochgradig peinlich. Wenn ich anfing zu verhandeln, verließ sie meist den Laden.

Doch ich bin der Meinung, kein Händler wird etwas zu einem Preis verkaufen, bei dem er nicht auch noch etwas verdient. Also hatte ich überhaupt kein schlechtes Gewissen, um jeden Cent zu feilschen. Ich habe mich oft gefragt, warum es meiner Mutter so unangenehm war zu verhandeln, während es den griechischen Verkäufern offensichtlich überhaupt nichts ausmachte.

Wahrscheinlich ist die Abneigung gegen das Verhandeln eine eingeübte oder erlernte Verhaltensweise, die man nur durch entsprechende Übung wieder abtrainieren kann. Wir müssen uns nur vor Augen führen, dass in Deutschland die Preisbindung als Absprache zwischen Herstellern und Händlern erst 1974 abgeschafft wurde.

Bis dahin war die Preisbindung für Markenartikel die Regel. Danach wurde sie durch die unverbindliche Preisempfehlung ersetzt, die jedoch im Laufe der Zeit immer mehr aufgeweicht wurde und heute eher die Funktion eines Ankerpreises hat, der die Vorteile von Hauspreisen oder Sonderangeboten besonders deutlich machen soll.

Allerdings besteht in Deutschland noch immer die Preisbindung für rezeptpflichtige Medikamente, für Bücher und Zeitschriften, für Zigaretten, an vielen Orten auch für Taxifahrten sowie für Mieten im sozialen Wohnungsbau. Bis 1998 konnte man seinen Strom nur bei dem für die Region zuständigen Stromversorger zu dessen festgelegtem Preis kaufen.

Solche Muster setzen sich natürlich im Kopf fest und bestimmen unser Denken und Handeln. Wenn wir damit groß geworden sind, dass es eine Preisbindung gibt, können wir dieses Denkmuster nur sehr schwer umstoßen, weil wir es als eine ungeschriebene Regel verinnerlicht haben und bei jeder Verhandlung das Gefühl spüren, »So etwas tut man nicht«.

Der Umgang mit der Preisbindung kann auch auf dem Prinzip der sozialen Bewährtheit beruhen, nach dem man sich am Verhalten anderer Menschen orientiert. Wenn alle Leute im Laden genau den Preis zahlen, den der Händler verlangt, würde man ja aus der Reihe tanzen, wenn man plötzlich verhandeln möchte.

Daneben gibt es noch zwei Faktoren, die einen von Verhandlungen abhalten können: Der eine ist die Knappheit. Denken Sie beispielsweise an meinen Freund, der unbedingt in einem ganz bestimmten Schloss seine Hochzeit feiern wollte. Er hatte also gar keine Auswahl, weil er diese selbst in seinen Gedanken einschränkte.

Der andere Faktor ist die Autorität. Jeder Verkäufer wird versuchen, sich als Fachmann für Preise zu profilieren, selbst wenn er nichts von dem Produkt versteht. Wer diese Autorität akzeptiert, wird auf Verhandlungen verzichten, besonders dann, wenn fachliche Autorität und Preisautorität noch miteinander gekoppelt sind.

Natürlich gibt es Gebührenordnungen für Ärzte, Zahnärzte und Heilpraktiker, eine Honorarordnung für Architekten und Ingenieure, ein Rechtsanwalts-Vergütungsgesetz und eine Gebührenverordnung für Steuerberater. Doch die meisten dieser gesetzlich geregelten Preise geben für viele Fälle nur einen Preiskorridor mit Gestaltungsspielraum vor. Trotzdem ist es unwahrscheinlich, dass der Privatpatient mit dem Arzt über den Preis einer Operation verhandeln will, und auch Preisgespräche mit dem Steuerberater sind für viele tabu. Der Respekt vor der Autorität ist in solchen Fällen oft einfach zu groß.

Praxistipp:

Sie können Ihre eigene Einstellung schrittweise verändern, wenn Sie sich zunächst kleine und dann immer größere Verhandlungserfolge verschaffen, die Ihr Belohnungssystem stimulieren.

Weiter ist es wichtig, sich eine genaue Vorstellung über die Preise zu verschaffen, die für identische Produkte oder Dienstleistungen verlangt werden. Das beste Instrument bildet dafür heute das Internet. Sie werden sehr schnell feststellen, dass die Preisunterschiede zum Beispiel für elektronische Produkte oft nicht nur ein paar Prozent, sondern nicht selten 30 bis 50 Prozent betragen. Wer sich erst einmal daran gewöhnt hat, die Preise vor einem Einkauf zu vergleichen, wird bei überhöhten Preisen zukünftig echte Schmerzen verspüren, die er nur durch Verhandlungen beseitigen kann.

Fallbeispiel:

In der Einkaufsabteilung eines Unternehmens waren die Stellen, die für den Einkauf von Druckereidienstleistungen zuständig waren, mit Fachleuten aus der Druckbranche besetzt. Hinter diesem Vorgehen steckte die Überlegung, dass Fachleute Verfahren, Qualität und Preise besser beurteilen können als Kaufleute, die eher über ein breites, aber allgemeineres Wissen verfügen.

Leider liefen die Gespräche zwischen diesen Druck-Facheinkäufern und den Verkäufern, die sie besuchten, meist so ab, dass lange über technische Fragen gefachsimpelt wurde und das Thema Preise eher nebenbei, und zwar sehr zur Zufriedenheit der Verkäufer, aber nicht zur Zufriedenheit des für seine Abteilung verantwortlichen Einkaufsleiters behandelt wurde.

Ehrlich gesagt, wenn ich meine Dienstleistungen verkaufe, dann ist es mir auch sehr recht, wenn ich auf Gesprächspartner treffe, die meine Wellenlänge haben und mit denen ich bestimmte Interessen teile, so dass wir zunächst ein hohes Maß an Übereinstimmung erzielen, um die restlichen Details der Vereinbarung dann zügig abzuhaken. Aber in diesem Fall der Druckereifachleute verhielt es sich ja offensichtlich so, dass sie nicht etwa erst fachsimpelten und dann verhandelten, sondern fachsimpelten, anstatt zu verhandeln. Wie kommt das?

Erklärung von Professor Neuro:

Verhandeln ist für das Gehirn eine sehr anstrengende Tätigkeit. Nicht nur, dass die verschiedenen Systeme des Gehirns intensiv miteinander Informationen und Bewertungen austauschen müssen, es treffen in einer Verhandlung auch ständig neue Alternativen und Angebote ein. Das Gehirn hat aber nur begrenzte Ressourcen und Verarbeitungskapazitäten. Daher reagiert es schnell überfordert und denkt deshalb lieber in gewohnten Bahnen, die weniger kraftzehrend sind.

Das Gehirn ist wie ein Muskel, den man ebenfalls trainieren muss, damit er stark wird. Nur durch Herumsitzen ist noch niemand ein Marathon-

läufer geworden. Und ohne Verhandlungstraining wird auch niemand gern und erst recht nicht professionell verhandeln.

Was die Druckereifachleute brauchten, war ein für sie durchaus anstrengendes Verhandlungstraining. Dadurch entstanden im Gehirn neue Leitungsbahnen, das Verhandeln wurde zu einem Verhalten, an das sich das Gehirn gewöhnt hatte und womit es folglich in Zukunft effizienter und energiesparender umgehen konnte.

Merksatz:

Die Verhandlung ist eine Mischung aus Schach, Boxen und Pokern.

In kaum einer anderen geschäftlichen Situation ist mit so geringem Aufwand in so kurzer Zeit so viel zu gewinnen wie in einer Verhandlung.

Beim Schach gibt es wie in einer Verhandlung auch die gerissene Eröffnung, den zermürbenden Stellungskrieg und die geniale Idee, die den entscheidenden Vorteil bringt.

Beim Boxen gibt es Tiefschläge, die zwar unsportlich sind, aber den Gegner zermürben und zum Erfolg führen können, auch wenn es einen Punkteabzug gibt. Wer sich allerdings zu unsportlich verhält, wird damit rechnen können, im Zweifel disqualifiziert zu werden.

Beim Pokern können gute Nerven nicht schaden, aber am Ende gewinnt derjenige, der sein Gegenüber besser einschätzen kann, dessen Motive, aber auch dessen Strategie und Taktik durchschaut und entsprechend darauf reagiert.

Zusammenfassung:

Verhandeln ist eine von zwei Formen der interessenorientierten Kommunikation. Man muss verhandeln, um seine Interessen durchsetzen zu können. Und es ist auch möglich, mit Autoritäten und Monopolisten zu verhandeln.

Aus wissenschaftlicher Sicht ist Verhandeln eine Kette von vielen einzelnen Entscheidungen, die am Ende als Verhandlungsergebnis in eine große Entscheidung münden. Dabei spielt das sogenannte Belohnungssystem eine große Rolle, das uns dafür belohnt, dass wir Dinge tun, die von uns ganz subjektiv als positiv und erfolgreich erlebt werden.

Das Belohnungssystem treibt uns ständig an, irgendetwas zu wollen. Ob wir etwas wollen oder nicht, spiegelt sich in unbewussten Signalen an unsere Umwelt wider. Wie man die Signale eines anderen Menschen interpretiert, hängt aber nicht nur von dessen innerer Einstellung ab, sondern auch von der eigenen.

Es lassen sich generell zwei Hauptgründe ausmachen, weswegen Menschen nicht gern oder gar nicht verhandeln: Unsicherheit aufgrund mangelnder Marktkenntnis und die Mentalität. Die Unsicherheit lässt sich sowohl durch eigene Recherchen als auch durch das Hinzuziehen eines Fachmanns beseitigen.

Bei der persönlichen Abneigung gegen das Verhandeln handelt es sich in der Regel um eine eingeübte oder erlernte Verhaltensweise, die man durch entsprechende Übung wieder abtrainieren kann. Sie können Ihre eigene Einstellung schrittweise verändern, indem Sie sich zunächst kleine und dann immer größere Verhandlungserfolge verschaffen, die Ihr Belohnungssystem stimulieren.

Unprofessionalität killt jeden Verhandlungserfolg

Was Sie in diesem Kapitel erwartet:

Es geht um die Bedeutung der Vorbereitung einer Verhandlung und der Festlegung einer Verhandlungsstrategie. Sie erfahren, warum es manchmal besser ist, nicht selbst zu verhandeln, und weshalb man sich keine Verhandlungen aufzwingen lassen solle. Ich stelle Ihnen die drei Grundmodelle des Verhandlungscoachings vor. Außerdem lesen Sie, was professionelles Verhalten aus Sicht der Neurowissenschaften beinhaltet und welche Grundregeln dabei gelten.

Fallbeispiel:

Wahrscheinlich erinnern sich noch viele Fernsehzuschauer an das legendäre Zusammentreffen von Alice Schwarzer und Verona Feldbusch in der Sendung von Johannes B. Kerner am 28. Juni 2001. Die Bild-Zeitung *hatte dafür den Titel »Brain trifft Body« gefunden, und ausgelöst wurde diese »Traumkombination« für eine Talkshow von Alice Schwarzer, die zuvor erklärt hatte: »Verona Feldbusch ist eine einzige Ohrfeige für uns Frauen. Wie doof müssen Männer sein, dass sie auf Verona abfahren?«*

Entsprechend gespannt war das Publikum auf die Antwort, und entsprechend hoch waren auch die Einschaltquoten für dieses »Gipfeltreffen deutscher Weiblichkeit«. Ursprünglich war es schon 14 Tage früher geplant gewesen, doch dann hatte sich Verona Feldbusch (damals 33 Jahre alt) krank gemeldet.

Schon beim Eintritt ins Studio wird der Unterschied zwischen den beiden Kontrahentinnen klar. Verona bietet Alice den Vortritt an, geht dann aber doch selbst als Erste in die Sitzrunde. Dort begrüßt sie Johannes B. Kerner mit Wangenküsschen, während dieser Alice mit einem Handkuss in Empfang nimmt. Verona trägt einen knapp sitzenden weißen Hosenanzug mit hochhackigen Sandaletten, Alice wie immer eine weite Schlabberkombination mit langem Rock in Schwarz und flache, bequeme Schuhe, die Füße und Beine unvorteilhaft aussehen lassen.

Kerner eröffnet das Gespräch mit einem Hinweis auf die Erkrankung von Verona, die dann ausführt, dass sie ja keine 20 Jahre mehr alt sei, aber auch nicht so viel älter, dass sie wie eine Marathonläuferin stets Leistung erbringe und täglich doppelt so viel arbeite, wie Zeit zur Verfügung stehe. Als Kerner dann zu Alice überleitet, kann sie es sich nicht verkneifen, ebenfalls darauf hinzuweisen, dass sie keine 20 mehr sei, sondern damals schon 58. »Und das ist auch gut so.« Eine Floskel, die heute wirklich niemand mehr hören kann. Und sie arbeite 100 Stunden pro Woche.

Dann erhält sie die Gelegenheit, ausgiebig auf ihre Lebensleistung zu verweisen: Herausgeberin von Emma, Buchautorin, und alles in allem sei sie eine viel beschäftigte Journalistin.

Auf Kerners Frage, was Verona von Beruf sei, antwortet sie: »Ich bin ein erfolgreicher Unterhaltungsfaktor.« Dann leitet sie auf ihr Verhältnis zu den Männern über. Von Alice auf ihr Verhältnis zu Dieter Bohlen angesprochen, antwortet sie: »Dieter ist ein Vorzeige-Macho, so wie Sie eine Vorzeige-Emanze sind, und ich nehme auch gern die Barbie-Karte.« Damit war ihr der Applaus des Studiopublikums sicher.

Dann fängt Verona an, über Weltverbesserertum, Höflichkeit und Respekt vor anderen zu dozieren. Damit leitet sie ihren Angriff auf Alice Schwarzer ein, indem sie dieser vorwirft, sich immer über die anderen zu stellen. Schon befindet sich Alice Schwarzer in einer Abwehrposition, die sie jedoch kaum detailliert ausführen kann, weil Verona ihr stets ins Wort fällt.

An dieser Stelle kann man bereits erkennen, dass Verona in der Diskussion vorn liegt. Das hatte wahrscheinlich niemand erwartet. Verona hat sich offensichtlich für die Strategie Druck entschieden. Ein raffinierter Schach-

zug von ihr besteht zudem darin, zu erklären, dass sie selbst über den Dingen stehe, während Alice Schwarzer glaube, über den Menschen zu stehen.

Verona diskutiert auf der Metaebene, während Alice Schwarzer sich immer noch auf der sogenannten Mikroebene befindet. Von der Körpersprache her signalisiert sie bereits, dass sie unter Druck steht, während Verona noch ganz entspannt ist. Im Laufe des weiteren Gesprächs verwickelt Verona Alice in Wortspiele rund um die Frage, wer denn von beiden nun Brain oder Body sei, die Alice so weit verwirren, dass sie am liebsten aufgestanden und gegangen wäre. Doch das kann selbst sie sich in einer Live-Sendung nicht leisten, besonders weil sie immer noch der Meinung ist, das Monopol auf Intelligenz zu besitzen.

Natürlich geht es in der Diskussion dann auch um Äußerlichkeiten wie Kleidung und Schuhwerk. Während Alice Schwarzer sich als Frauenrechtlerin immer noch um eine kooperative Strategie nach dem Motto »Wir Frauen müssen zusammenhalten« bemüht, arbeitet Verona Feldbusch konsequent die Unterschiede heraus und scheut sich auch nicht, Alice Schwarzer lächerlich zu machen.

So nennt sie ihr Kleid »Umhang« und zitiert viele Äußerungen, die Alice Schwarzer unter anderen Umständen und in anderen Situationen gemacht hat, die aber hier unglücklich wirken. Durch die Verwendung der gegnerischen Argumente für die eigene Position kann Alice Schwarzer nur schlecht widersprechen und wird so mit den eigenen Argumenten abgeschossen.

Auf die Frage von Johannes B. Kerner, was denn Verona Feldbusch an Alice Schwarzer bewundere, erklärt diese, dass sie versuchen würde, sachlich zu bleiben. Dann holt sie aus, dass Alice Schwarzer vor ihrer Zeit den Mut hatte, sich für die Rechte der Frauen einzusetzen. Doch das ist alles Vergangenheit.

Alice Schwarzer hingegen bewundert an Verona Feldbusch, »dass sie sich in der Ehe mit Dieter Bohlen nicht hat prügeln lassen«. Während sie diese Ausführungen macht, zieht Verona ihre Jacke aus. Und enthüllt eine ärmellose, tief dekolletierte Bluse, bei der auch noch der oberste Knopf geöffnet ist. Das bringt Alice Schwarzer eindeutig ins Stottern.

Als Verona dann Alice Schwarzer vorwirft, dass sie nicht etwa für sich sprechen würde, sondern immer pauschal für alle Frauen, kontert diese mit dem Satz »Ein bisschen darf man schon über seine Haut rausgucken«. Offensichtlich ist sie immer noch von Veronas Äußerem irritiert. Als Alice Schwarzer dann versucht, mit immer denselben Statistiken und Argumenten Punkte zu sammeln, verliert sie ebenso wie bei dem Versuch, es Verona Feldbusch mit gleicher Münze und zickigen Bemerkungen heimzuzahlen.

Ganz offensichtlich bewegt sie sich dabei auf unsicherem Boden. Alice Schwarzer, die sonst in vielen Sendungen sehr aggressiv gegenüber Männern auftritt, kann wohl keine Frauen »schlagen«. Dies dürfte ihr größter Schwachpunkt sein, den Verona Feldbusch schon im Vorfeld an ihr entdeckt hatte.

Ganz zum Schluss kramt Alice Schwarzer dann in ihrer Verzweiflung die Geschichte heraus, dass sie am Vorabend von zwei gepiercten, bauchfreien Girlies auf der Straße angesprochen wurde, die sie baten, der Frau Feldbusch doch einmal zu sagen, »dass sie das ganze Getue ankotzt«. Doch dieses Storytelling verfehlt seine Wirkung. Und Verona kontert mit der sicherlich erfundenen Erzählung von zwei Vertreterinnen eines emanzipierten Hamburger Frauenvereins, die sie ebenfalls am Vorabend getroffen habe, die sie gebeten hätten, »der Alice Schwarzer auszurichten, es kotze sie an, dass Alice Schwarzer ständig im Namen aller emanzipierten Frauen spreche«.

Damit hatte Verona den Beifall des Publikums wieder auf ihrer Seite, weil sie nämlich den Spieß, Argumente einzuführen, die die Gegenseite nicht kennen konnte, herumgedreht hat – und zwar so, dass die Methode entlarvt wurde.

Welche Lehre kann man jetzt aus dem durchaus unterhaltsamen Schlagabtausch zwischen diesen beiden Frauen für eigene Verhandlungen ziehen?

Zunächst einmal haben wir gesehen, dass oberflächliche Klischees und bestimmte Rollen, die jemand aus Gewohnheit spielt, in einer Verhandlung schnell ausgetauscht oder sogar gekippt werden können. Verona Feldbusch galt für viele als Dummchen der Nation, während Alice Schwarzer ein Monopol auf Frauenfragen und deren richtige Antwort und Betrachtungsweise innehatte.

Im Laufe der siebzigminütigen Diskussion wurde immer deutlicher, dass sich Verona hervorragend auf diese »Verhandlung« vorbereitet hatte. Sie verfügte nicht nur über sämtliche Instrumente der Verhandlungsstrategie »Druck«, sondern setzte sie auch äußerst geschickt ein. Mal war sie aggressiv, mal unfair, mal laut, und manchmal trieb sie Alice Schwarzer mit verwirrenden Wortspielen in die Enge.

Nehmen wir einmal an, Verona war im Vorfeld der Sendung gar nicht krank gewesen, sondern hatte sich entschieden, diesen Auftritt bestens vorzubereiten. Nehmen wir weiter an, sie saß mit drei Beratern zwei Wochen zusammen, und sie haben alles zur Verfügung stehende Material über Alice Schwarzer genauestens studiert, Filme, Biografien, Zeitungs- und Zeitschriftenartikel, Interviews und Sendungen. Alle Ansichten und Argumente, die Alice Schwarzer je geäußert hatte und auch in dieser Diskussion äußern würde, waren bekannt.

Nachdem die Position von Alice Schwarzer, ihre Stärken und Schwächen klar umrissen waren, wurde die Strategie darauf abgestimmt. Dabei war Verona Feldbusch so klug, nicht plötzlich als ein neuer Mensch aufzutreten, der geschliffen parlieren konnte, sondern sie arbeitete weiter mit Versatzstücken ihrer Rolle als naives Dummchen. Dabei warf sie Alice Schwarzer immer wieder Köder hin wie »So bin ich nun mal« oder »Sie können das Niveau wahrscheinlich variieren, ich kann nun mal nicht anders, als auf diesem Niveau zu agieren«, die von dieser auch tatsächlich willig aufgenommen wurden.

Doch warum gab Alice Schwarzer insgesamt eine so unglückliche Figur ab? Die Antwort ist einfach: Sie hatte sich nicht vorbereitet. Für sie war es nur eine Fernsehdiskussion unter vielen anderen, die sie normalerweise mit Leichtigkeit für sich entscheiden konnte. Wie viele Monopolisten neigte wohl auch sie zur Selbstüberschätzung. Sie war sich sicher, ihr Gegenüber mit partnerschaftlichem Verhalten und dem Benennen von Gemeinsamkeiten zu Zugeständnissen bewegen zu können.

Die Strategie Druck, die sie sonst in Männerrunden gern ausübt, hatte sie nicht einmal in Gedanken vorbereitet. Frau Schwarzer glaubte tatsächlich, sich nur für ein paar schnodderige Bemerkungen rechtfertigen zu müssen, und sie hatte Veronas Ziel, nämlich Sieg um jeden Preis, überhaupt nicht vorhergesehen. Ihr Denkfehler lag darin, dass sie davon ausging, dass Verona sich selbstverständlich ihren Argumenten anschließen würde.

Merksatz:

Es hat keinen Sinn, nur die eigene Position im Auge zu behalten. Viel wichtiger ist es, sich auf die Argumente und Positionen des Verhandlungspartners intensiv und detailliert vorzubereiten.

Im Nachtrag möchte ich noch erwähnen, dass Alice Schwarzer viel aus der Diskussion mit Verona Feldbusch gelernt hat. Schon äußerlich stellt sich »die Ikone des deutschen Feminismus« heute ganz anders dar, und sie gilt vielen Journalisten als so gefährlich wie nie, weil sie ihre Waffen geändert hat.

Eine chice, kürzere Frisur, die das Gesicht vorteilhaft betont, und der Verzicht auf die große Intellektuellenbrille haben Alice Schwarzer frischer und um Jahre jünger gemacht. Sie trägt zwar immer noch gern schwarze Kleidung, doch heute ist diese tiefer dekolletiert und viel figurbetonter. Statt in bequemen Latschen tritt sie heute ebenfalls in hochhackigen Schuhen auf. Sie wirkt dynamisch, sympathisch und modern, dennoch wird niemand ihren scharfen Intellekt bezweifeln. Eher das Gegenteil ist der Fall. Die neue Alice Schwarzer ist wahrscheinlich die beste, die wir je hatten.

Mit einem Verhandlungscoach zu arbeiten ist professionell

Es ist für mich wirklich ein Rätsel: Warum haben Menschen, die erkennen, dass sie eine Schwäche beim Verhandeln haben, nicht wenigstens die Stärke, zu entscheiden, dass andere für sie verhandeln sollten?

Fallbeispiel:

Ich hatte einmal ein Handy, das ich aus Versehen in der Jackentasche vergaß und das deshalb in der Waschmaschine mitgewaschen wurde. Ich holte es später aus der Jacke heraus und schaltete es ein. Da erschien auf dem Display die letzte Meldung »Please call for assistance«. Das Handy hatte also noch so viel Metaebene, zu sagen, mir geht es nicht gut, ich brauche Hilfe.

So sollte sich auch jeder verhalten, der in eine Verhandlung geht, die er nicht mehr überschauen kann, oder der schon in einer Verhandlung ist und nicht mehr weiterweiß. Er sollte die Reißleine ziehen und erklären: »Stopp, ich begebe mich nicht in die Situation oder ich ziehe mich aus einer bestimmten Situation heraus, um noch einmal genauer darüber nachzudenken oder mir Hilfe zu holen.«

Wenn der emotionale Abstand zum Gegenstand einer Verhandlung fehlt oder auch der emotionale Abstand zum Verhandlungspartner, ist es immer besser, einen Verhandlungscoach hinzuzuziehen, der über die notwendige Distanz zum Thema verfügt.

Jeder wird einsehen, dass es nur wenig Sinn macht, wenn trennungswillige Ehepartner die Aufteilung der Vermögenswerte direkt miteinander verhandeln. Mit Sicherheit wird es dabei weniger um Sachfragen gehen als um die verletzten Egos der Verhandlungsparteien. Selbst wenn inhaltliche Fragen behandelt werden, wird die durch frühere Ereignisse bestimmte Beziehungsebene immer wieder die Oberhand gewinnen.

Solche emotional aufgeladenen Situationen wird man aber nicht nur bei Scheidungen antreffen. Wer zum Beispiel sein Elternhaus verkaufen will oder muss, weil zum Beispiel die Eltern in ein Pflegeheim gezogen sind, wird dieses Objekt mit ganz anderen Augen sehen als ein potenzieller Käufer, der dort nicht seine Kindheit verbracht hat.

Das Gleiche gilt auch für den Verkauf von Möbeln und Einrichtungsgegenständen und erst recht für den Verkauf von Sammlungen. Ein guter Sammler wird zwar sehr genau den Marktwert seiner Stücke taxieren können, doch darüber hinaus haben sie für ihn auch noch einen hohen emotionalen Wert, der bei unsympathischen Verhandlungspartnern oft nicht zu dem gewünschten Verhandlungsergebnis führt. Man möchte seine geliebten Stücke einfach nicht in den falschen Händen sehen.

Beispiele für Verhandlungen, die mit einer größeren emotionalen Distanz geführt werden müssen, ließen sich beliebig lang fortsetzen. Ich halte es für eine persönliche Stärke, wenn jemand erkennt, dass er für bestimmte Verhandlungssituationen einfach nicht die richtige Person ist, und sich entscheidet, einen anderen dafür einzusetzen.

Wen man mit dieser Aufgabe betraut, hängt sehr stark vom Einzelfall ab. Der Verkauf einer Gemäldesammlung ist sicherlich am besten in den Händen eines Kunsthändlers aufgehoben, und für den Verkauf eines Hauses bieten sich natürlich Immobilienmakler an.

Doch es ist gar nicht so einfach, den richtigen externen Verhandlungscoach zu finden. Häufig empfehlen sie sich über die fachliche Qualifikation; allerdings ist diese in vielen Verhandlungen überhaupt nicht der entscheidende Faktor. Wichtiger sind oft die Verhandlungserfahrung und die Kompatibilität mit dem Verhandlungspartner, vorausgesetzt, man kennt diesen bereits.

Beim Verhandlungscoaching gibt es drei Grundmodelle:

- den Verhandlungsvorbereiter,
- die beratende Begleitung und
- das Verhandeln im Auftrag.

Verhandlungsvorbereiter

Hier hat der Verhandlungscoach die Aufgabe, denjenigen, der die Verhandlung führt, sowohl fachlich als auch mental auf die Verhandlungen vorzubereiten. Dazu kann die Informationsbeschaffung und -bewertung gehören, aber auch die Durchführung von Rollenspielen und das Dialogtraining.

Gerade im Bereich der Öffentlichkeitsarbeit werden nicht nur Politiker, sondern immer häufiger auch Unternehmer oder Wissenschaftler zu kontroversen Diskussionsrunden eingeladen, in denen sie oft nicht nur Rede und Antwort stehen sollen, sondern auch Rechenschaft für bestimmte Entscheidungen ablegen müssen.

Wer in solche Runden geht und sich dann plötzlich gewieften Verhandlungsstrategen wie zum Beispiel Gregor Gysi von der PDS oder dem Verdi-Chef Frank Bsirske gegenübersieht, muss gut vorbereitet sein, um bestehen zu können. Viele unterschätzen, was da auf sie zukommt, ähnlich wie es Alice Schwarzer getan hat.

Beratende Begleitung

Die zweite Form des Verhandlungscoachings besteht in der beratenden Begleitung. Der Verhandelnde wird mehr Sicherheit und Disziplin an den Tag legen, wenn er den Coach als Rettungsanker an seiner Seite weiß und sich mit ihm während der laufenden Verhandlung beraten kann. Wenn gewünscht und vorher abgestimmt, kann der begleitende Verhandlungscoach auch aktiv und mit eigenen Beiträgen in die Verhandlung eingreifen.

Verhandeln im Auftrag

Bei der dritten Form des Verhandlungscoachings verhandelt der Coach im Auftrag des Kunden, hat aber nur eine begrenzte, vielleicht sogar gar keine Entscheidungsvollmacht. Entweder wird schon im Vorfeld ein Verhandlungskorridor festgelegt, in dem sich der verhandelnde Coach auch entscheidungsmäßig bewegen darf, oder aber es werden entsprechende Limits gesetzt, worüber verhandelt wird und worüber nicht. Natürlich gibt es auch Situationen, in denen ein Verhandlungscoach treuhänderisch und voll verantwortlich aktiv ist, jedoch werden sie eher die Ausnahme bilden.

Leider entscheiden sich viele Menschen in der Praxis für die Methode »Augen zu und durch«. Sie denken: »Lieber ein Ende mit Schrecken als ein Schrecken ohne Ende«. Ich halte es dagegen für besser, lieber nicht zu verhandeln, als blind zu verhandeln. Denn nicht zu verhandeln ist zumindest eine klare und von der Metaebene geprägte Entscheidung. Ebenso unratsam ist es, wenn man sich eine Verhandlung aufdrängen lässt, die man eigentlich gar nicht führen möchte.

Fachwissen schlägt Improvisation

Ich kenne zahlreiche Verhandlungsprofis, die in der Hierarchie ihres Unternehmens verhältnismäßig weit oben angesiedelt sind, und die in Verhandlungen immer wieder auf ihren Status und auf ihr Improvisationstalent vertrauen.

Fallbeispiel:

In einem Seminar mit Teilnehmern aus verschiedenen Unternehmen ergab sich im Rahmen eines Rollenspiels einmal die Situation, dass ein gestandener Manager und eine 21-jährige Auszubildende aufeinandertrafen. In diesem Rollenspiel ging es um den Einkauf von Marketingdienstleistungen.

Während die 21-Jährige zufällig aus diesem Fachbereich kam und sich intensiv auf ihre Rolle vorbereitete, vertraute der Profi ganz auf sein Improvisationstalent. Doch das nützte ihm nicht viel. Er wurde plötzlich mit Fachbegriffen konfrontiert, die ihm zwar bekannt waren, deren substanzielle Details er aber nicht beherrschte. Schon nach zwei Minuten ging ihm die Luft aus. Die Auszubildende hatte ihn dank guter Vorberei-

tung und Kompetenz an die Wand geredet.

Jemand, der seine Stärke im Improvisieren sieht, gibt in Wirklichkeit zu, dass er eine Schwäche in der Vorbereitung hat. Natürlich kann man auch durch Glück, Zufall und Schlagfertigkeit eine Verhandlung zu seinen Gunsten wenden, doch gegen eine überlegte Strategie und Taktik sind die Chancen generell geringer. Deshalb lautet mein Ratschlag immer:

> ***Merksatz:***
>
> *Lassen Sie sich nie eine wichtige Verhandlung aufzwingen und bereiten Sie sich stets vor.*

Interne Verhandlung

Professionalität erkennt man auch daran, wie gut eine Verhandlung zum Beispiel innerhalb eines Unternehmens oder einer Organisation vorbereitet wird. In der Regel werden durch die Ergebnisse einer externen Verhandlung viele andere Abteilungen und Funktionen betroffen.

Ein Einkäufer von Bauteilen wird deshalb auch intern mit vielen Stellen zu verhandeln haben, sei es nun das Produktmanagement, die Entwicklungsabteilung oder die Fertigung einschließlich der Arbeitsvorbereitung. Er wird sich mit der Logistik und der Lagerhaltung abstimmen müssen und vielleicht sogar mit der technischen Redaktion, falls durch neue Bauteile auch noch Bedienungsanleitungen oder Schaltpläne geändert werden müssen. Ist das einzukaufende Bauteil von so großer Relevanz, dass es den Produktnutzen signifikant verbessert, wird er sich vielleicht sogar mit der Marketingabteilung einigen müssen.

Es kann aber auch sein, dass durch interne Verhandlungen im Vorfeld bereits Hindernisse für die Verhandlung selbst zu beseitigen sind oder bestimmte personelle Entscheidungen getroffen werden müssen. So kann es durchaus sein, dass zum Beispiel ein Einkäufer nach der optimalen Vorbereitung der Verhandlungsstrategie feststellt, dass er überhaupt nicht der richtige Mann ist, um diese Strategie durchzusetzen. Entweder liegt sie ihm einfach nicht, oder er weiß jemand anderen im Unternehmen, der diesen Job viel besser machen könnte.

Auch die Zusammenstellung des Verhandlungsteams bedarf interner Verhandlungen und muss professionell erfolgen. Nur weil jemand eine Abteilung leitet und der Vorgesetzte desjenigen ist, der eine Verhandlung zu verantworten hat, heißt das noch nicht, dass ein solcher Chef auch unbedingt immer der beste Verhandler ist.

Wer an einer Verhandlung teilnimmt und wer nicht, hängt hauptsächlich von der Einschätzung des Verhandlungspartners ab. Bei der Zusammenstellung eines Teams ist darauf zu achten, die Sprache des anderen zu sprechen, ihn nicht nur zu verstehen, sondern ihm auch ein Feedback geben zu können, das zu seiner Denkweise passt.

Schulung, Übung und Erfahrung

Um ein guter Verhandler zu werden, bedarf es der Schulung, Übung und Erfahrung. Schulung bedeutet, nicht einfach nur an Verhandlungen teilzunehmen, zuzuschauen und zuzuhören, sondern dass man auch bei einer Vorbereitung dabei ist und anschließend bei der Analyse des Verhandlungsverlaufs. Verhandeln lernt man immer noch am besten an Beispielen.

Übung bedeutet, selbst zu verhandeln und am eigenen Leib zu erleben, wie in bestimmten Situationen Emotionen anwachsen und drohen, die Oberhand zu gewinnen. Aber es geht auch darum, eigene Defizite und Stärken im wahrsten Sinne des Wortes körperlich zu erleben. Erfahrungen beginnen in unserer schnelllebigen Gesellschaft gerade erst wieder an Wert zu gewinnen. Ich habe immer gern mit älteren Kollegen zusammengearbeitet, um von ihren Erfahrungen zu profitieren. Dasselbe erleben wir in der Fußballbundesliga mit alten Haudegen wie Jupp Heynckes oder Hans Meyer.

Man kann keine »Instant-Erfahrungen« machen. Erfahrungen brauchen Zeit und müssen auch reifen können. Deshalb plädiere ich gerade im beruflichen Feld, aber auch im privaten Bereich dafür, dass jeder, der eine Verhandlung führen muss, die Meinung anderer erfahrener Kollegen oder Freunde einholt. Es ist ja nicht so, dass man deren Meinung eins zu eins umsetzen muss. Was man sich holt, ist zusätzliche Sicherheit und ein breiteres Spektrum, um die Verhandlung vorzubereiten.

Viele Ärzte holen in komplizierten Fällen die Meinung mehrerer Fachleute ein, nicht weil sie sich für inkompetent halten, sondern weil sie wichtige Entscheidungen auf eine breitere Basis stellen möchten. Sich keinen zusätzlichen Rat zu holen und zu glauben, alles nicht nur allein, sondern auch besser zu können als andere, ist immer ein sicheres Zeichen von Unprofessionalität. Deshalb arbeite ich auch so gern im Team mit Leuten, die ich genau einschätzen kann. Ich weiß, welche Erfahrungen sie gemacht haben und in welcher Form ich davon profitieren kann.

Gerade junge Mitarbeiter, die schnell Erfolg vorweisen wollen, sind oft besorgt, wenn sie ein gutes Ergebnis nicht für sich allein verbuchen können, sondern die Ergebnisse ihrer Arbeit mit anderen teilen müssen. Das ist sicher eine falsche Einstellung.

Ebenso glauben auch viele Vorgesetzte, dass sie die Ergebnisse ihrer Mitarbeiter steigern können, indem sie sie im Wettbewerb gegeneinander antreten lassen. Besser wäre es jedoch, den Informationsaustausch zu fördern und in Bereichen, in denen viel verhandelt wird, jüngere und ältere Mitarbeiter zusammenzubringen, damit Erfahrungen weitergegeben und erhalten bleiben.

Fallbeispiel:

Als ich mir mit 23 Jahren einen gebrauchten Sportwagen kaufen wollte, war ich von diesem Auto so fasziniert, dass ich wahrscheinlich vollkommen unkritisch vorgegangen wäre. Weil ich aber diese Schwäche von mir kannte und wusste, dass ich mich von meiner Begeisterung schnell hinreißen lassen würde, habe ich einen erfahrenen Ingenieur aus der Entwicklung gebeten, mich zu begleiten. Dabei habe ich viel gelernt.

Als ich vor dem ersten Auto stand und sagte, der ist es, zeigte er mir die Gummiabdichtungen am Motorraum. Die waren rot lackiert, genauso wie das Auto. Das heißt, der Wagen war nachträglich lackiert worden, und zwar schlecht. Irgendetwas war mit dem Wagen passiert, auf jeden Fall war er nicht mehr im Originalzustand. Wir haben ihn dann nicht genommen.

Beim nächsten Händler war meine Begeisterung noch größer. Der Wagen hatte Flügel, Spoiler und einen getunten Auspuff. Da sagte mir mein Berater auf Schwäbisch, »die, die es sich leisten können, stehen auf so etwas nicht, und die darauf stehen, die können es sich nicht leisten«. Also wieder weitersuchen.

Am Ende fanden wir dann doch noch meinen Traumwagen, an dem alles stimmte, das Aussehen, der Zustand und der Preis. Das Wichtigste war aber für mich auf lange Sicht, dass ich gelernt hatte, mich als Autoexperte nicht zu überschätzen.

Den Wagen habe ich vier Jahre später mit Gewinn verkaufen können.

Frage an Professor Neuro: Was bedeutet aus neurowissenschaftlicher Sicht Professionalität bei Verhandlungen?

Mehr als 99,9 Prozent unserer Entscheidungen trifft unser Gehirn vollkommen unbewusst. Die meisten Entscheidungen gelten nämlich nur für einen Augenblick und haben auch für uns keine direkten Konsequenzen. Es gibt wichtige und unwichtige Entscheidungen, emotionale, gefühlsorientierte und rationale, vernunftorientierte Entscheidungen sowie überlegte und spontane Entscheidungen.

Nach den Regeln der klassischen Ökonomie müssten die Menschen ihre Entscheidungen danach ausrichten, welches Ergebnis am wahrscheinlichsten ist und ihnen den größten Nutzen verspricht. Das tun sie aber nicht. Die Neuroökonomie sieht das ökonomische Verhalten von ganz anderen

Bedingungen beeinflusst. Für sie ist es von wesentlicher Bedeutung, ob die Entscheidung unter Sicherheit oder unter Unsicherheit getroffen wird.

Eine Entscheidung unter Sicherheit bedeutet hierbei, dass die Vorhersagen bezüglich der Entscheidung mit größter Wahrscheinlichkeit eintreten. Bei Entscheidungen unter Unsicherheit ist hingegen nicht mit Sicherheit bekannt, welche Situation künftig eintreten wird. Meist liegt das daran, dass die Erfahrungen aus der Vergangenheit nur geringe Anhaltspunkte bieten.

Natürlich möchten wir unsere Entscheidungen am liebsten immer unter Sicherheit treffen. Aus diesem Grund werden Verkäufer auch versuchen, den Aspekt der Sicherheit in den Vordergrund zur stellen. Zwar gibt es keine absolute Sicherheit bei Verhandlungen, aber eine größtmögliche Sicherheit lässt sich erreichen, wenn man über entsprechende Erfahrungen verfügt und/oder sich in der Vorbereitung genauestens über alle Umstände informiert hat.

Entscheidungen unter Unsicherheit werden in Entscheidungen unter Risiko und Entscheidungen unter Ungewissheit unterteilt.

Um eine Entscheidung unter Risiko handelt es sich, wenn die möglichen eintretenden Situationen und auch die damit verbundenen Wahrscheinlichkeiten bekannt sind.

Bei einer Entscheidung unter Ungewissheit sind zwar die möglichen Situationen bekannt, aber nicht die Eintrittswahrscheinlichkeiten. Tatsächlich werden die meisten Entscheidungen innerhalb einer Verhandlung unter ungewissen Umständen getroffen.

Daniel Kahneman und Amos Tversky haben als Alternative zur klassischen Erwartungs-Nutzen-Theorie die »Neue Erwartungstheorie« entwickelt, die auf psychologischen Experimenten beruht. Demgemäß werden ökonomische Entscheidungen durch eine ganze Reihe von Wahrnehmungsverzerrungen beeinflusst, beispielsweise von einem überzogenen Selbstvertrauen bei gleichzeitiger Unterschätzung der anderen Menschen, von der Abneigung gegen Veränderungen und der Überbewertung des Bekannten, vom Framing-Effekt und der Verlustaversion.

Überzogenes Selbstvertrauen bedeutet vor allem Überschätzung der eigenen Fähigkeiten bei der Beurteilung komplexer Zusammenhänge. Wie es entsteht, ist aus neurowissenschaftlicher Sicht noch nicht eindeutig geklärt. Anhand von Experimenten konnte aber nachgewiesen werden, dass äußere Einflüsse, selbst wenn sie mit der anstehenden Entscheidung überhaupt nichts zu tun haben, eine ebenso große Wirkung darauf ausüben wie persönliche Erfahrungen aus der Vergangenheit.

Unser Gehirn benutzt bei Entscheidungen nicht nur die Fakten und die damit zusammenhängenden Gefühle, sondern baut auch Informationen mit ein, die mit der eigentlichen Entscheidung überhaupt nichts zu tun haben. So wurde in einem Experiment der Psychologen John Bargh und Lawrence Williams von der Yale University in New Haven, Connecticut nachgewiesen, dass die Bewertung einer fiktiven Person davon beeinflusst wird, ob man einen heißen Kaffee oder einen Becher Eiskaffee in der Hand hält.

Im Rahmen einer Studie sollten Studenten den Charakter einer hypothetischen Person anhand bestimmter Kriterien einschätzen. Tatsächlich ging es aber darum, wie diese Einschätzung beeinflusst werden kann. Auf dem Weg zum Versuchsort traf jeder einzelne Student einen wissenschaftlichen Assistenten, der den Arm voller Bücher und Akten hatte und gleichzeitig noch einen Becher in der Hand hielt. Dieser bat die jeweilige Versuchsperson um Hilfe, indem er sie fragte, ob sie ihm während der Fahrt im Fahrstuhl das Getränk abnehmen könnte.

Bei der Hälfte der Versuchspersonen handelte es sich dabei um einen Becher mit heißem Kaffee, bei den anderen um einen Eiskaffee. Der anschließende Test ergab, dass diejenigen, die den heißen Kaffee gehalten hatten, die zu beurteilende Person als warmherzig und sozial empfanden, und diejenigen, die den Eiskaffee gehalten hatten, die Person für kälter und egoistischer hielten. Dabei hatten sie dieselben Informationen über die Person.

Auch der eigene Einfluss auf die Zukunft wird häufig vollkommen überschätzt. In diesem Zusammenhang spielt die Herstellung von irrationalen Zusammenhängen eine größere Rolle, als man gemeinhin bereit ist anzunehmen. So können bestimmte Zahlen wie das Geburtsdatum, der Hochzeitstag oder Telefonnummern unsere Annahmen über die Zukunft und damit unsere Entscheidungen beeinflussen, ebenso wie Namensgleichheiten oder auch nur identische Initialen.

Bei Experimenten wurde in den USA sogar nachgewiesen, dass die letzten beiden Zahlen der Sozialversicherungsnummer einen Einfluss auf Entscheidungen haben. Wichtig war allerdings, dass man sich diese vor der Entscheidung noch einmal bewusst gemacht hat.

Mit der Überschätzung der eigenen Fähigkeiten, Kenntnisse und Verständnisfähigkeiten geht auch stets die Fehleinschätzung der Fähigkeiten anderer Menschen einher. Ferner haben die meisten Menschen eine Abneigung gegenüber Veränderungen. Sie geben eine einmal eingenommene Position nur sehr ungern wieder auf.

Und letztlich bewertet ein Mensch all das, was ihm bekannt ist, höher als das ihm Unbekannte. Deshalb bevorzugt er Lösungen, die ihm vertraut sind, und nimmt oft andere sinnvolle und zweckmäßige Lösungen gar nicht wahr.

Der oben erwähnte Framing-Effekt bedeutet, dass bestimmte Dinge nicht isoliert wahrgenommen werden, sondern im Zusammenhang mit ihrer Umgebung. So spielt der subjektive Interpretationsrahmen, in den bestimmte Informationen oder Entscheidungen eingebettet werden, eine große Rolle.

Es wurde experimentell nachgewiesen, dass die Abneigung gegen einen möglichen Verlust größer ist als die Aussicht auf einen möglichen Gewinn. Aus diesem Grund werden oft auch Vorteile nicht wahrgenommen, weil man möglicherweise später eintretende Verluste vermeiden möchte. Dies gilt nicht nur an der Börse, sondern auch bei Verhandlungen.

Nach Kahneman und Tversky entstehen falsche Entscheidungen durch die Überbewertung kleiner Wahrscheinlichkeiten und im Gegenzug durch die Unterbewertung großer. Der Mensch wendet oft zu viel Zeit für kleine und zu wenig Zeit für große Entscheidungen auf. Auch die Verwendung von Faustregeln führt häufig zu Fehlern. Oft wenden die Menschen zudem mentale Abkürzungen an, indem sie zum Beispiel ganz bestimmte Preise als gegeben annehmen und andere Produkte daran messen. Dieser Effekt hat ebenfalls viel mit dem Framing zu tun.

Der Verkäufer eines Produkts wird seinem Kunden in der Regel drei Alternativen vorstellen, wovon die eine sehr hochwertig und außerordentlich teuer ist, die andere extrem günstig, aber sehr unattraktiv und erst die mittlere dann sowohl in Preis und Leistung akzeptabel erscheint. Ohne das teurere und das billigere Produkt würde die Entscheidung für das mittlere nicht so leicht fallen.

Generell streben die Menschen bei ihren Entscheidungen nach Sicherheit. Dabei verlassen sie sich darauf, dass sich diese durch Vertrauen einstellt. Wenn wir Entscheidungen unter Unsicherheit treffen müssen, verwechseln wir oft Risiko und Ungewissheit. Erstaunlicherweise verwenden viele Menschen daher auch sehr viel Zeit darauf, einen Verlust oder eine falsche Entscheidung zu bedauern, anstatt sich neuen Gegebenheiten zuzuwenden.

Wenn wir die Kriterien der Neuen Erwartungstheorie zur Grundlage der Beurteilung unserer eigenen Entscheidungen machen, vergrößern wir die Chancen, richtige Entscheidungen zu treffen. Allerdings müssen wir dabei akzeptieren, dass wir weitaus weniger perfekt sind als gewünscht. Und wir müssen uns die fremden Einflüsse stärker bewusst machen.

Was bedeutet das für die Verhandlungspraxis?

Wenn die meisten Entscheidungen unbewusst getroffen werden und wir unsere wahren Beweggründe dafür gar nicht kennen, kann es nur von Vorteil sein, sich intensiv auf eine Verhandlung vorzubereiten. Dadurch sind wir im Idealfall auch in der Lage, unsere Motive und Ziele noch einmal rational zu überprüfen.

Geht es uns bei einer Verhandlung wirklich darum, einen bestimmten Preis zu erzielen, oder wollen wir dem Verhandlungspartner nur zeigen, dass wir der Stärkere sind? Sofern Letzteres der Fall ist, sollten wir vielleicht lieber erst einmal ein Gespräch führen, in dem wir das Verhältnis zu unserem Verhandlungspartner klären, bevor wir nur scheinbar sachlich über Fakten verhandeln.

Unsere Sicherheit in Verhandlungen vergrößern wir dadurch, dass wir uns mehr Informationen über die Verhandlungspartner und den Verhandlungsgegenstand beschaffen. Denn je weniger wir wissen, desto unsicherer sind wir und desto eher werden wir zum Spielball der Gegenpartei.

Wenn wir wissen, dass wir bei unseren Entscheidungen durch äußere Elemente beeinflusst werden, sollten wir dies in unser Kalkül mit einbeziehen, indem wir uns dieser Faktoren für uns selbst nach Möglichkeit bewusst werden und sie andererseits gezielt gegen andere einsetzen. Das heißt zum Beispiel, die Autorität anderer zu hinterfragen und die eigene zu Autorität zu stärken.

Verhandeln bedeutet immer, die eigene Position und die des Verhandlungspartners zu verändern und durch Neues und vielleicht Unbekanntes zu ersetzen. Dies kann man am leichtesten erreichen, indem man eine Brücke zwischen dem Bekannten und dem Unbekannten baut und dafür sorgt, dass das Neue nicht angstbesetzt ist.

Bei Verhandlungen sollte man niemals Verluste thematisieren, sondern stets nur Gewinne.

Verhandlungsspiele zeigen, wie das Gehirn denkt

Sowohl die Psychologie als auch die Verhaltensökonomie und die Neuroökonomie nutzen gern Verhandlungsspiele, um Situationen zu schaffen, in denen das Verhalten der Menschen erkannt und beschrieben werden kann. Daraus lassen sich dann Regeln ableiten, die wiederum die Grundlage für Verhaltensprognosen darstellen.

Viele Bereiche der Psychologie versuchen Vorhersagen über das Verhalten daraus abzuleiten, dass bestimmte Annahmen über die Ursachen getroffen werden. Dabei steht die Persönlichkeit mit ihren ererbten Charaktereigenschaften und dem erlernten Verhalten meist im Mittelpunkt; aber auch das situative Verhalten gewinnt bei der Beantwortung der Frage nach den Ursachen immer mehr an Bedeutung.

Die Neuroökonomie benutzt diese Spiele, weil sie die neuronalen Grundlagen von bestimmten Entscheidungen und Verhaltensweisen kennenlernen möchte, um aus den Aktivitäten verschiedener Hirnregionen Rückschlüsse auf die Steuerungsmechanismen des Gehirns und beispielsweise auf die Beteiligung von Gefühlen zu ziehen. Aufbauend auf den Erkenntnissen der Psychologie und der Verhaltensökonomie erhofft man sich Erkenntnisse über generelle Ursachen des Verhaltens, die über die individuellen Faktoren einer einzelnen Person hinausgehen.

Bei Untersuchungen mit der funktionalen Magnetresonanztomografie lassen sich sehr gut Gewinne und Verluste durch neuronale Aktivitäten im Gehirn nachweisen und eindeutig bestimmten Gehirnregionen zuordnen. Allerdings wird bei solchen Experimenten auch deutlich, wie wichtig die richtige Fragestellung und die richtige Versuchsanordnung sind: Bei der Erwartung eines finanziellen Gewinns wird zum Beispiel der Nucleus accumbens aktiviert. Die Versuchsperson verspürt eine positive Erregung, die sie auch körperlich wahrnimmt. Wenn die erwarteten Gewinne immer größer werden, steigt in gleichem Maße auch die Aktivierung des Nucleus accumbens sowie das erlebte positive Gefühl. Wenn man dann einen Gewinn tatsächlich erhält, wird der mediale präfrontale Cortex aktiviert.

Schon eine Gewinnvorhersage macht den Nucleus accumbens mobil. Kommt dieser Gewinn dann allerdings nicht zustande oder ist er niedriger als erwartet, wird das wiederum auch im medialen präfrontalen Cortex verarbeitet.

Der Mandelkern, auch Amygdala genannt, spielt besonders dann eine große Rolle, wenn in einem Spiel die Möglichkeit besteht zu bluffen, allerdings mit der Gefahr, erwischt zu werden und dann zu verlieren. Bei einem solchen Spiel besteht der größte Verlust darin, beim Bluffen erwischt zu werden. In der kritischen Phase, nachdem der Proband sich entschieden hat, ob er bluffen will oder nicht, ist die Amygdala je nach der Entscheidung mehr oder weniger aktiv.

Bei fairem Verhalten ist ihre Aktivität geringer. Der Spielteilnehmer hat entweder Angst vor der Entdeckung oder vor dem mit der Entdeckung verbundenen größeren Verlust.

Durch die Auswertung dieser Spiele wissen wir, dass die Erwartung von Gewinnen und die Angst vor Verlusten offensichtlich in unterschiedlichen Gehirnregionen verarbeitet werden und sich deshalb nicht ohne Weiteres gegenseitig ausschalten können. Angst und Hoffnung sind also zwei unterschiedliche Paar Schuhe, die direkt nebeneinander stehen.

Das Diktatorspiel

Die einfachste Form der sogenannten Verhandlungsspiele ist das Diktatorspiel: Dabei steht dem Spieler A eine bestimmte Geldsumme zur Verfügung, die er zwischen sich selbst und dem Spieler B aufteilen soll. Die Höhe des Betrages, die er an Spieler B weitergibt, bleibt dem Spieler A, dem »Diktator«, selbst überlassen.

Falls der Spieler A rein rational denkt und auf die Maximierung seines Nutzens ausgerichtet ist, würde er die gesamte Geldsumme für sich behalten und nichts an Spieler B abgeben.

Verschiedene Experimente haben aber ergeben, dass Spieler A durchaus einen Anteil an Spieler B abgibt, und zwar durchschnittlich 10 bis 25 Prozent der zur Verfügung stehenden Geldsumme. Dieses im Prinzip irrationale Verhalten lässt sich entweder mit einer naturgegebenen Tendenz zu altruistischem, also uneigennützigem Verhalten begründen, oder es liegt an der bei den Menschen unterschiedlich stark ausgeprägten Empathie, der Fähigkeit, sich in andere hineinzuversetzen.

Das Konzept der Spiegelneuronen besagt, dass es bestimmte Neuronen gibt, die eine »Spiegelfunktion« wahrnehmen und so ermöglichen, dass man die Gefühle anderer Menschen selbst erlebt und in diesem Sinne nachfühlen kann. Mit ihrer Hilfe können wir intern Handlungen simulieren und ihren Ausgang vorwegnehmen und damit auch die Absicht fremder Aktionen verstehen. Wenn man sich also in die Rolle eines anderen Menschen versetzt und das eigene Verhalten mit fremden Augen betrachtet, wird man eher auf unfaires Verhalten verzichten, als wenn man das nicht tut.

Ganz anders funktioniert das sogenannte »sequenzielle Diktatorspiel«, bei dem die Rollen von einer Spielrunde zur nächsten wechseln. Hier wird das Verhalten des Diktators ganz eindeutig durch die Erwartung bestimmt, wie der Spielpartner nach dem Rollenwechsel in der nächsten Runde auf das eigene Verhalten reagieren wird.

Da man vermutet, dass das eigene unfaire Verhalten dann altruistisch bestraft wird, nähern sich die Ergebnisse des sequenziellen Diktatorspiels stark an die Ergebnisse des Ultimatumsspiels an. Von altruistischem Bestrafen spricht man, wenn jemand einen anderen wegen unfairen Verhaltens abstraft, obwohl er selbst dadurch Nachteile hinnehmen muss.

Das Ultimatumsspiel

Beim Ultimatumsspiel handelt es sich im Prinzip um eine Erweiterung des Diktatorspiels. Jetzt haben beide Spieler eine Entscheidung zu treffen. Auch hier geht es um einen Geldbetrag, von dem Spieler A einen beliebigen Anteil an Spieler B weitergeben kann. Allerdings hat der Spieler B die Möglichkeit zu entscheiden, ob er die ihm zugewiesene Summe annimmt oder ablehnt. Falls Spieler B dem Angebot von A zustimmt, erhält jeder Spieler den vorgeschlagenen Anteil. Falls B aber ablehnt, erhält keiner der Spieler etwas.

Wenn man davon ausgeht, dass es sich um rational, eigennützig denkende Menschen handelt, müsste Spieler A möglichst viel Geld behalten und dem Spieler B möglichst wenig abgeben; Spieler B müsste jede Summe akzeptieren, denn auch ein geringer Betrag ist besser als gar nichts.

Die Ergebnisse der Experimente sahen jedoch anders aus: Häufig entschieden sich die Versuchspersonen in der Rolle des Spielers B für altruistisches Bestrafen. Sie waren bereit, auf das ihnen zugedachte Geld zu verzichten, nämlich wenn ihnen die Summe als zu niedrig erschien. Weil sie den von A angebotenen Anteil als unfair empfanden, sollte Spieler A auch kein Geld erhalten. Angebote, die unter 20 Prozent des Geldbetrages lagen, wurden zu 50 Prozent abgelehnt. Allerdings waren sich die Personen in der Position des Spielers A offensichtlich dieses Problems bewusst und boten Spieler B meist Anteile zwischen 30 und 50 Prozent der Geldsumme an.

Warum sie das taten, ist noch nicht genau geklärt. Es könnten Fairnessüberlegungen dahinterstehen und/oder auch die Angst vor der Ablehnung durch Spieler B, also eine strategische Entscheidung zur Nutzenmaximierung. Angebote zwischen 40 und 50 Prozent der Geldsumme wurden in der Regel angenommen, also als fair empfunden.

Das Vertrauensspiel

Beim Vertrauensspiel geht es um ein Zug-um-Zug-Geschäft. In der einfachsten Version kann Spieler A mit Spieler B ein Geschäft vereinbaren. Hierbei erbringt Spieler A eine Leistung, die Spieler B dann anschließend bezahlt.

Falls Spieler A Spieler B nicht vertraut, kommt kein Geschäft zustande. Wenn Spieler A jedoch B Vertrauen entgegen- und die vereinbarte Leistung erbringt, kann Spieler B entscheiden, ob er das ihm geschenkte Vertrauen honoriert und zahlt oder ob er es missbraucht und die Zahlung verweigert.

Falls Spieler B das Vertrauen von A honoriert, erhalten beide gleich viel, der eine das gewünschte Geld und der andere die gewünschte Leistung. Den größten Gewinn hätte Spieler B allerdings, wenn er das Vertrauen von Spieler A missbraucht, also die Leistung annimmt und nicht dafür bezahlt. Dabei wird allerdings vorausgesetzt, dass es keine juristische Sanktionsmöglichkeit und auch keine Wiederholung des Spiels gibt. Zahlreiche Experimente haben ergeben, dass in den meisten Fällen Spieler B das in ihn gesetzte Vertrauen mit kooperativem Verhalten belohnt, also seinen Verpflichtungen aus dem Geschäft nachkommt.

Vertrauen ist ein sehr starkes und positives Gefühl, auf dessen Erleben viele Menschen nicht verzichten möchten. Kontrollen würden das innere Gleichgewicht beeinträchtigen, schlechte Gefühle und im ungünstigsten Fall sogar ein schlechtes Gewissen gegenüber dem Kontrollierten herbeiführen. Vertrauen bildet einen wesentlichen Bestandteil des sozialen Systems in unserem Kopf, Kontrolle hingegen gehört zum ökonomischen System. Beide Systeme stehen im Wettbewerb und lassen sich nur schwer in Einklang bringen.

Das Gefangenendilemma

Beim sogenannten Gefangenendilemma handelt es sich um ein Spiel, das zeigt, wie individuell rationale Entscheidungen zu kollektiv schlechteren Ergebnissen führen können.

Stellen Sie sich Folgendes vor: Zwei Gefangene werden verdächtigt, gemeinsam eine Straftat begangen zu haben. Die Höchststrafe dafür beträgt fünf Jahre. Falls beide Gefangenen schweigen, reichen die Indizienbeweise lediglich aus, um jeden zu zwei Jahren Haft zu verurteilen. Falls einer von ihnen oder auch beide jedoch die Tat gestehen, wird jeder von ihnen eine Gefängnisstrafe von vier Jahren erhalten.

Um das Schweigen der Gefangenen zu brechen, wird beiden ein Handel angeboten. Wenn einer gesteht und so seinen Partner mitbelastet, kommt er ohne Strafe davon, und der andere muss die Höchststrafe von fünf Jahren absitzen. Ansonsten bleiben die Bedingungen gleich. Das heißt, wenn beide schweigen, erhält jeder zwei Jahre Haft, und wenn beide gestehen, erhält jeder vier Jahre. Beide Gefangene werden über den Handel informiert, sie werden aber getrennt befragt und haben keine Möglichkeit, sich untereinander abzusprechen.

Wenn nun Spieler A schweigt (also mit B kooperiert) und B gesteht (also A verrät), muss Spieler A fünf Jahre ins Gefängnis und B bleibt straffrei. Entsprechend ist es, wenn Spieler A gesteht (also B verrät) und B schweigt (also mit A kooperiert), dann erhält B fünf Jahre und A bleibt verschont.

Es finden sich in diesem Beispiel also sowohl eine Belohnung für beidseitige Kooperation (jeweils nur zwei Jahre Haft) als auch für einseitigen Verrat (Freiheit für den Verräter). Bestraft wird gegenseitiger Verrat (jeweils vier Jahre Haft), aber auch das Vertrauen, das man dem anderen entgegengebracht hatte und das dieser einseitig gebrochen hat (fünf Jahre Haft).

Der Ausgang dieser Situation hängt also nicht nur von der eigenen Entscheidung ab, sondern auch von der des Partners. Kollektiv gesehen wäre es am besten, wenn beide kooperieren, also schweigen, dann erhält jeder nur zwei Jahre Haft. Individuell gesehen erscheint es jedoch vorteilhafter, gegen den Mittäter auszusagen. Falls der eine Gefangene gesteht und damit den anderen verrät, bleibt er im positiven Fall straffrei – nämlich dann, wenn der andere schweigt. Falls der andere allerdings auch gesteht, erhält er statt der fünf Jahre Höchststrafe »nur« vier Jahre Haft.

Das Dilemma des Gefangenenspiels liegt also darin, dass die kollektive und die individuelle Analyse zu unterschiedlichen Handlungsempfehlungen führen. Das Problem ist, dass der eine die Handlungsweise des anderen nicht einschätzen und beeinflussen kann.

Für beide zusammen wäre es am besten, wenn sie sich gegenseitig vertrauen und kooperieren. Dies könnte durch die Erlaubnis für eine Kommunikation für die Spieler untereinander erreicht werden, oder wenn Vertrauensbruch bestraft würde. Dies ist aber laut der Spielregeln nicht vorgesehen. Läuft das Spiel über mehrere Runden, dann können die Spieler die Entscheidungen ihres Gegners in den vorherigen Runden mit in ihre eigene Entscheidung einbeziehen und somit einen Vertrauensbruch bestrafen und Kooperation belohnen.

In Experimenten zeigte sich, dass selbst bei einem einmaligen Spiel sehr viele Mitspieler kooperierten. Beispielsweise lag in einem Versuch mit 40 Mitspielern, die jeweils paarweise 20 Spiele durchführten, die Kooperationsrate im Durchschnitt bei 22 Prozent.

Wenn man das Gefangenendilemma über mehrere Runden spielt, wird es von einem sozialen Spiel zu einem ökonomischen Spiel, in dem die Jahre der Freiheit als Gewinn und jedes Jahr Gefängnisaufenthalt als Verlust gezählt werden. Für dieses Spiel gibt es eine Vielzahl von Strategien, wie zum Beispiel folgende:

Tit-for-tat (Wie du mir, so ich dir)

Der Spieler kooperiert in der ersten Runde und verhält sich in den folgenden Runden genauso wie sein Mitspieler in der vorherigen Runde. Er ist also im Prinzip kooperationswillig, reagiert auf Verrat aber mit Bestrafung. Ist der Mitspieler erneut kooperativ, ist der Spieler nicht nachtragend, sondern reagiert ebenfalls kooperativ.

Mistrust (Misstrauen)

Hier verrät der Spieler in der ersten Runde seinen Mitspieler und richtet sich in den nächsten Runden ausschließlich nach dem vorherigen Verhalten des Mitspielers. Im Prinzip ist er aber nicht wirklich kooperationswillig.

Spite (Groll)

Der Spieler kooperiert so lange, bis der Mitspieler zum ersten Mal einen Verrat begeht und damit sein Vertrauen missbraucht. Danach verrät er den anderen jedes Mal.

Punisher (Bestrafer)

Der Bestrafer kooperiert bis zum ersten Vertrauensmissbrauch seines Mitspielers und verrät dann so lange, bis der Gewinn des Mitspielers aus seinem Vertrauensmissbrauch aufgebraucht ist. Dann kooperiert er wieder bis zum nächsten unkooperativen Verhalten seines Mitspielers.

Es gibt natürlich auch die Strategien, dass ein Spieler, egal was sein Mitspieler tut, immer verrät oder immer kooperiert oder aber auf der Grundlage einer 50:50-Zufallsentscheidung verrät oder kooperiert.

Im Prinzip erscheint die Tit-for-tat-Strategie als optimal, weil sie einfach, sehr wirkungsvoll und langfristig erfolgreich ist. Probleme kann es allerdings geben, wenn Missverständnisse eintreten, also Kooperation irrtümlich als Verrat verstanden wird.

Das Gefangenendilemma zeigt, wie wichtig der Kommunikationsfluss ist und welche Bedeutung Absprachen in der Realität haben können. Es sollte als Warnung gesehen werden, nicht zu versuchen, andere hereinzulegen, weil man sonst selbst schnell zum Verlierer werden kann. Ein Beispiel aus der Praxis für das Gefangenendilemma ist die Absprache von Preisen oder Mengen in einem Kartell oder Oligopol. Hält sich einer der Produzenten aus eigennützigen Gründen nicht an die getroffenen Vereinbarungen und erhöht zum Beispiel die Produktion, sind alle gezwungen, die Preise zu senken.

Die sieben Grundregeln der Neurowissenschaften beim Verhandeln und Kommunizieren

Der Leser wird sich jetzt wahrscheinlich die Frage stellen, ob sich die neurowissenschaftlichen Erkenntnisse tatsächlich in praktische Handlungsanleitungen umsetzen lassen, wenn die meisten Prozesse unbewusst ablaufen. Manche verneinen dies grundsätzlich und billigen nur einem Berater, Coach oder Therapeuten die Fähigkeit zu, mentale Prozesse eines anderen Menschen richtig zu deuten.

Man kann es jedoch auch so sehen, dass unser präfrontaler Cortex durchaus über die Fähigkeit zur Selbstbeobachtung verfügt. Wenn man etwas beobachten kann, kann man es auch interpretieren und mit großer Wahrscheinlichkeit, wenn auch in Grenzen, korrigieren beziehungsweise optimieren.

Die folgenden sieben Grundregeln für das Verhandeln und Kommunizieren wurden von Prof. Christian E. Elger auf der Grundlage der experimentellen Hirnforschung unter Einsatz der funktionellen Magnetresonanztomografie und unter Einbeziehung der Erkenntnisse anderer internationaler Forscher entwickelt und formuliert:

1. Das Belohnungssystem ist die zentrale Schaltstelle.
2. Das Ultimatumsspiel gilt überall.
3. Vorinformationen beeinflussen die Erwartungen und das Verhalten.
4. Jedes Gehirn ist anders.
5. Es gibt keine Fakten ohne Emotionen.
6. Erfahrungen bestimmen das Verhalten.
7. Situationen können eine nicht vorhersehbare Eigendynamik entwickeln.

Zu den Regeln im Einzelnen:

1. Das Belohnungssystem ist die zentrale Schaltstelle.

Auch wenn Ihre Verhandlungspartner den Eindruck vermitteln, dass sie Ihnen nicht gerade aufmerksam zuhören, ihr inneres Belohnungssystem schläft trotzdem keineswegs. Es wird alle eingehenden Informationen im Hinblick auf die eigenen Vorteile abklopfen, und genau daran wird sich Ihr Verhandlungspartner später erinnern. Jede Verhandlungspartei wird vorrangig die eigenen Vorteile mit höherer Bedeutung versehen. Belohnen Sie sich selbst für altruistisches Verhalten, indem Sie auch die Vorteile der anderen in den Blickpunkt heben.

2. Das Ultimatumsspiel gilt überall.

Gerade beim Verhandeln und Kommunizieren geht Kooperation grundsätzlich vor Konkurrenz. Eine gemeinsame Lösung, die auch gemeinsam getragen werden kann, ist stets die beste. Das bedeutet nicht, dass alle die gleichen materiellen Vorteile genießen werden, aber dass alle das gleiche Maß an Respekt und Fairness erfahren konnten.

3. Vorinformationen beeinflussen die Erwartungen und das Verhalten.

Viele Verhandlungen werden durch die vorhandenen Vorinformationen bereits entschieden, bevor sie überhaupt begonnen haben. Diese Vorphase von Verhandlungen wird in der Regel noch zu stark unterschätzt. Vorinformationen beeinflussen die eigene Wahrnehmung nachhaltig. Das gilt für alle Verhandlungspartner.

4. Jedes Gehirn ist anders.

Weil jedes Gehirn anders ist, werden verschiedene Menschen auch in identischen Situationen unterschiedliche unbewusste Signale durch Mimik und Körperhaltung aussenden. Wir reagieren auf diese Signale, auch wenn sie uns nicht direkt bewusst werden. Wir sind jedoch in der Lage, die Signale der anderen in unser Bewusstsein zu heben und auch unsere eigenen Signale zumindest zum Teil bewusst zu kontrollieren.

Manche Verhandlungspartner versuchen die eigenen Signale zu unterdrücken, doch – um mit Paul Watzlawicks Worten zu sprechen – man kann nicht nicht kommunizieren. Unterdrückte Signale bleiben Signale. Andere Verhandlungspartner versuchen, durch unfaire Kommunikation bei uns Reaktionen hervorzurufen, die nicht beabsichtigt sind, zum Beispiel dass wir auf unfaire Angebote mit altruistischem Bestrafen reagieren. Wenn wir merken, dass wir altruistisch bestrafen wollen, sollten wir zumindest versuchen, dies auf einem Weg zu tun, der das unfaire Verhalten als solches kennzeichnet.

5. Es gibt keine Fakten ohne Emotionen.

Diese Regel gilt beim Verhandeln und Kommunizieren in besonderem Maße. Häufig dominiert der Beziehungsaspekt einer Kommunikation deutlich gegenüber dem Inhaltsaspekt. Dieses Problem kann man lösen, indem man sich auf eine Metaebene begibt und über die Art der Kommunikation eine neue Vereinbarung trifft.

6. Erfahrungen bestimmen das Verhalten

Wir werden nur selten auf Verhandlungspartner treffen, die nicht zumindest partiell eine Ähnlichkeit mit einem uns bekannten Menschen haben, mit dem uns gute oder schlechte Erfahrungen aus der Vergangenheit verbinden. Diese Erfahrungen werden wir ganz unbewusst auch auf den neuen Verhandlungs- oder Kommunikationspartner übertragen. Ähnlichkeiten im Aussehen und Verhalten können tatsächlich auch zu ähnlichen Reaktionen führen, sie müssen es aber nicht. Allerdings werden sie unsere eigenen Erwartungen bestimmen. Wenn man sich dessen bewusst ist, wird es für das Gehirn weniger Überraschungen geben, und es wird mehr Raum für die Verarbeitung neuer Informationen zur Verfügung stehen.

7. Situationen können eine nicht vorhersehbare Eigendynamik entwickeln.

Je mehr Personen an einer Verhandlung beteiligt sind, desto größer ist die Gefahr der Eigendynamik. Dieser kann man nicht nur durch eine strenge Reglementierung der Verhandlungssituation entgegenwirken, sondern auch dadurch, dass vorab nicht nur Informationen ausgetauscht werden, sondern zusätzlich Vereinbarungen getroffen wurden, an die man sich nach dem Tit-for-tat-Prinzip aus Fairnessgründen hält.

Wenn wir all dies berücksichtigen, kommen wir zu dem Schluss, dass wir jede Verhandlung strategisch vorbereiten müssen. Denn Strategie ist der Sieg der Einfälle in der Vorbereitung über die Zufälle während der Verhandlung.

Zusammenfassung:

Bei der Vorbereitung einer Verhandlung darf man nicht ausschließlich die eigene Position im Auge haben, genauso wichtig sind die Argumente und Positionen des Verhandlungspartners.

Wer erkennt, dass er eine Schwäche beim Verhandeln hat, sollte die Stärke besitzen zu entscheiden, andere für sich verhandeln zu lassen. Auch wenn der emotionale Abstand zum Gegenstand einer Verhandlung oder zum Verhandlungspartner fehlt, ist es besser, einen Verhandlungscoach hinzuzuziehen, der über die notwendige Distanz verfügt. Beim Verhandlungscoaching gibt es drei Grundmodelle: die Verhandlungsvorbereitung, die beratende Begleitung und das Verhandeln im Auftrag.

Jemand, der seine Stärke im Improvisieren sieht, gibt in Wirklichkeit zu, dass er eine Schwäche in der Vorbereitung hat. Man kann nicht davon ausgehen, dass ein Chef immer selbst der beste Verhandler ist. Um ein guter Verhandler zu werden, bedarf es Schulung, Übung und Erfahrung, und es kommt nicht auf die hierarchische Stellung an.

Da die meisten Entscheidungen unbewusst getroffen werden und wir unsere wahren Beweggründe dafür gar nicht kennen, ist eine intensive Vorbereitung der Verhandlung wichtig, denn so vergrößern wir zumindest die Chance, unsere Motive und Ziele auch rational zu überprüfen.

Verhandlungsspiele dienen dazu, Situationen zu schaffen, in denen das Verhalten der Menschen erkannt und beschrieben werden kann. Daraus lassen sich generelle Verhaltensmuster und Regeln ableiten, die bei allen Verhandlungen zu finden sind. Durch die Auswertung dieser Spiele wissen wir, dass sich die Erwartung von Gewinnen und die Angst vor Verlusten nicht ohne Weiteres gegenseitig ausschalten können.

Merksatz:

Die sieben Grundregeln der Neurowissenschaften zum Verhandeln und Kommunizieren haben allgemeine Gültigkeit.

Das A und O der Verhandlungsvorbereitung

Was Sie in diesem Kapitel erwartet:

Dieses Kapitel zeigt Ihnen, wie man auch einen überlegenen Verhandlungsgegner besiegen kann, indem man seine Erwartungen manipuliert. Sie erfahren, wie man eine Verhandlung und ihre vielen Details vorbereiten kann. In diesem Rahmen lernen Sie Typologien kennen, die Ihnen helfen werden, sich selbst und andere Menschen besser einzuschätzen und diese in Ihrem Sinne zu beeinflussen. Außerdem erhalten Sie eine Übersicht darüber, was Einkäufer und Verkäufer grundsätzlich unterscheidet. Weiter geht es darum, Verhandlungsziele zu definieren und die optimale Strategie zu definieren.

Fallbeispiel:

Der Boxkampf Muhammad Ali gegen George Foreman 1974 in Zaire »Rumble in the Jungle« ist ein hervorragendes Beispiel für den Einsatz von Strategie und Taktik. Betrachten wir zunächst die damalige Ausgangssituation: Muhammad Ali war zehn Jahre älter als George Foreman, er hatte drei Jahre im Gefängnis gesessen, weil er keinen Kriegsdienst in Vietnam leisten wollte, und er hatte seit fünf Jahren nicht mehr öffentlich geboxt. George Foreman hingegen trug zu der Zeit den Gürtel des amtierenden Weltmeisters und galt als unbesiegbar! Er war dafür berüchtigt, seine Gegner in den ersten beiden Runden k.o. zu schlagen.

Muhammad Alis öffentliche Auftritte vor dem Kampf entsprachen genau dem, was man von ihm erwartete. Er verkündete, George Foreman k. o. schlagen zu wollen und dass er gewinnen würde, weil er für Foreman viel zu schnell sei. Muhammad Ali machte damit seinem Ruf als »Großmaul« alle Ehre. Er erzählte, dass er mit einem Alligator gerungen habe, dem Blitz Handschellen angelegt und den Donner ins Gefängnis geworfen hätte.

Sein bildhaftes Storytelling machte seine Interviews vor der internationalen Sportpresse immer wieder sehens- und hörenswert. Er habe einen Fels ermordet, einen Stein verletzt und einen Ziegel ins Krankenhaus geschickt. Er sei so böse, dass er Medizin krank mache! Ganz eindeutig verfolgte Ali mit solchen Äußerungen die Strategie, Druck zu machen. Er wollte nicht nur öffentliche Aufmerksamkeit erringen, sondern auch seinen Gegner in Angst versetzen.

Wenn man jedoch Muhammad Alis Mimik und Augenbewegung in diesen Fernsehinterviews beobachtete, erkannte man, dass er nicht nur Spaß an Übertreibungen hatte, sondern dass er durch diese auch versuchte, seine eigene Angst zu bekämpfen. Oft wirkte er wie ein Kind, das laut pfeifend durch den Wald ging, um möglichen Angreifern zu zeigen, dass es keine Furcht hatte.

Seine Behauptung, er sei so schnell, dass er im Bett läge, bevor es dunkel war, wenn er an der Tür seines Schlafzimmers das Licht ausknipste, hatte natürlich Unterhaltungswert. Doch ließen sich viele davon nicht täuschen. Der Schriftsteller Norman Mailer diagnostizierte damals sehr genau, dass Muhammad Ali tatsächlich Angst vor dem Kampf hatte und sich umso mehr fürchtete, je näher der Kampf rückte. Da half es auch nichts, dass Muhammad Ali öffentlich vormachte, wie sein Gegner während des Kampfes unbeholfen und planlos herumtapsen würde. Allerdings sollte sich später im Kampf zeigen, dass diese Voraussage von Muhammad Ali gar nicht so falsch war.

Trotz alledem war die Sportpresse nicht der Überzeugung, dass Muhammad Ali den Kampf gegen Foreman gewinnen könnte. Dieser war so schlagstark und ehrfurchteinflößend, dass sich bisher alle Gegner vor ihm fürchteten. Foreman unterstrich dieses Bild des aggressiven Zerstörers auf seinen Pressekonferenzen noch dadurch, dass er stets seinen zähnefletschenden Schäferhund an seiner Seite hatte. Das Tier sollte seinen eigenen Vernichtungswillen symbolisieren.

Auf alle anderen Showelemente verzichtete Foreman. Kühl und reserviert erklärte er immer wieder, dass dies sicherlich nicht sein schwerster Kampf werden würde. Muhammad Ali hätte gesagt, er würde mit dem Geld, das er verdient, ein Krankenhaus bauen – und das bräuchte er auch, nämlich hauptsächlich für sich selbst.

In Afrika rechnete man es Muhammad Ali hoch an, dass er dem Kontinent als Austragungsort dieses Boxkampfes internationale Anerkennung verschafft hatte. Und selbst seine Kriegsdienstverweigerung brachte ihm nun Pluspunkte, denn die Sympathie der Länder der Dritten Welt galt eindeutig dem Underdog Vietnam und nicht den USA. Während die Afrikaner Muhammad Ali als einen der ihren ansahen, galt George Foreman von vornherein als Symbol des Imperialismus. Das verstärkte er in Zaire noch dadurch, dass er auch dorthin seinen Schäferhund mitnahm. Solche Hunde galten als Symbol der Unterdrückung der Bevölkerung durch die verhassten Kolonialherren.

Während sich Muhammad Ali um die afrikanische Bevölkerung kümmerte, sich für sie interessierte und sich als Favorit von seinem zukünftigen Publikum bestätigen ließ, blieb Foreman auch vor Ort stets reserviert und konnte keine Begeisterung für sich erzeugen. Viele Afrikaner waren überrascht, dass auch George Foreman ein Schwarzer war; sie hatten tatsächlich aufgrund der Vorinformationen und seiner Aussagen angenommen, er sei ein Weißer. Letzten Endes stempelte man ihn als Weißen ab, der nur eine schwarze Hautfarbe hatte.

Im Vorbereitungscamp kam es dann zu folgender Situation: Muhammad Ali erklärte der anwesenden Sportpresse wieder und wieder seine Strategie. Er wolle den Kampf dadurch gewinnen, dass er durch schnelles Herumtänzeln dem Gegner auswich und ihm dann entsprechende Schläge verpasste. Erstaunlicherweise ging Muhammad Ali ganz offen damit um und erzählte, was er vorhatte.

Entsprechend fiel die Reaktion Foremans aus: Er tobte sich im Training zuerst 15 Minuten an einem schweren Sandsack aus, um seine Schlagstärke zu trainieren, übte im Ring, schnellen Gegnern den Weg abzuschneiden und sie in die Seile oder in die Ecke zu drängen. Ganz eindeutig stimmte Foreman seine Kampfstrategie auf die von Ali öffentlich verkündigte ab.

Betrachtet man jedoch Filmaufnahmen aus dem Trainingscamp von Ali, so erkennt man, dass er sich auf etwas ganz anderes als das Angekündigte vorbereitete. Ali trainierte, sich treffen zu lassen und Schläge einzustecken. Er härtete seinen Körper ab. Parallel arbeitete er in seinen öffentlichen Auftritten daran, seinem Publikum den Schlachtruf »Ali boma ye« beizubringen, was so viel bedeutet wie »Ali, töte ihn«. George Foreman wurde von seinen Anhängern in der afrikanischen Bevölkerung mit demselben Schlachtruf gefeiert. Im Gegensatz zu Ali fand er das jedoch nicht besonders nett und lehnte daraufhin Kontakte zu seinen Fans immer öfter ab.

Als der Kampf schließlich begann, überraschte Muhammad Ali nicht nur die Zuschauer, sondern auch seinen Gegner. Er benutzte eine Schlagtechnik, die kein professioneller Boxer je nutzen würde, da sie ohne Deckung arbeitete und dem Gegner zu leicht gute Angriffsmöglichkeiten bot. George Foreman war vollkommen irritiert. Das hatte er nicht erwartet. Schließlich war Muhammad Ali alles andere als ein Anfänger, der solche Fehler machen und solche Risiken eingehen würde.

Ali tat es, um die Vorteile dieser Überraschungsstrategie zu nutzen. Er traf Foreman in der ersten Runde zwölf Mal, doch k.o. ging dieser dadurch nicht. Was er jedoch erreicht hatte, war, dass Foreman wütend wurde und anfing, »aus dem Bauch« zu boxen, das heißt, dass er seine Strategie und somit seine Metaebene verließ.

Nachdem Muhammad Alis Analyse der ersten Runde ergab, dass die Überraschungsstrategie nicht die gewünschte Wirkung zeigte, mobilisierte er in der anschließenden Pause die Zuschauer mit seinem Schlachtruf, den er ihnen in den zwei Monaten zuvor eingetrichtert hatte. Es war also nicht nur der Showeffekt gewesen, um den es ihm im Vorfeld gegangen war, sondern er hatte ganz klar vorausgesehen, dass er während des Kampfes auch auf psychologische Effekte setzen musste. Diese hatte Foreman stets ignoriert.

Ab der zweiten Runde sah der Kampf dann ganz anders aus: Muhammad Ali lehnte sich in die Ringseile, hob seine Deckung und ließ sich regelrecht verprügeln. Aus Sicht von George Foreman lief jetzt alles nach Plan. Doch auch für Muhammad Ali lief es ebenso wie vorhergesehen.

Genau dieses Auf-sich-eindreschen-lassen hatte er lange genug im Sparring geübt. Ali ließ Foreman sich in dieser Runde müde arbeiten. Zwar lag Foreman auch nach Punkten weit vorn, er konnte aber keine entscheidenden Treffer anbringen. Der Kampf sah jetzt eher aus, als wenn sich zwei streitende Kinder prügelten.

Foreman reagierte situationsbedingt auf der Mikroebene, Ali hielt an seiner geplanten Strategie fest. Während Foreman auf ihn einschlug, sprach Ali mit ihm: »Foreman, du enttäuscht mich. Du schlägst nicht so hart wie erwartet. Wann fängst du endlich an, richtig zu schlagen?« Foreman kam offensichtlich gar nicht auf die Idee, dass er hier gegen einen strategisch denkenden Gegner boxte, sondern wurde noch viel tiefer in die Mikroebene getrieben.

Mitte der fünften Runde konnte man bei George Foreman erste Anzeichen körperlicher Erschöpfung erkennen. Bis jetzt hatte der Kampf knapp 15 Minuten gedauert, genau die Zeit, nach der er in der Vorbereitung seine Sandsackübungen eingestellt hatte. Seine Schläge wurden von nun an unpräziser.

Muhammad Ali hörte jetzt auf, unablässig auf seinen Gegner einzureden und ihn zu provozieren, sondern begann zu kämpfen und um Foreman herumzutänzeln, der nur noch wie eine Mumie mit erhobenen Händen im Ring stand. Dasselbe Spiel setzte sich dann auch in der sechsten und siebten Runde fort. Foreman hatte ganz offensichtlich für diese Situation keinen Plan B parat, sondern war die ganze Zeit tatsächlich davon ausgegangen, seinen Gegner in der zweiten oder spätestens dritten Runde zu Boden zu strecken.

Am Anfang der achten Runde war es dann so weit. Muhammad Ali streckte George Foreman mit einem K.-o.-Schlag nieder und war wieder Weltmeister.

Alle Fachleute sind sich heute darüber einig, dass Muhammad Ali rein von der Physis her gegen George Foreman chancenlos war. Nur durch seine ausgeklügelte Strategie und durch seine raffinierte Kommunikationskampagne hatte er es geschafft, den überlegenen Gegner zu Boden zu zwingen.

Seine Chancen dafür waren von Anfang an gering, und die Risiken, die er einging, waren groß. Doch wie es sich zeigte, war es der einzige Weg, um zu gewinnen. Die Strategie als Sieg der Einfälle in der Vorbereitung half ihm, die Zufälle des Kampfes zu überwinden.

Ich möchte es noch einmal in aller Deutlichkeit formulieren: Muhammad Ali hat durch sein Verhalten und durch seine Ankündigungen vor dem Kampf die Vorhersagen George Foremans darüber, wie der Kampf verlaufen würde, massiv beeinflusst.

Muhammad Alis Vorbereitung auf den Kampf bestand darin, die eigene Ausgangsposition und die von George Foreman so realistisch und so detailliert wie möglich zu analysieren. Was sind die eigenen Stärken und Schwächen, und was sind die Stärken und Schwächen des Gegners? Das Ergebnis war ernüchternd. Alis Schnelligkeit und Beweglichkeit konnten Foremans Schlagstärke nicht aufwiegen. Ali hätte den Kampf mit großer Wahrscheinlichkeit verloren.

Doch welche Ziele hatte Muhammad Ali? Er wollte den Kampf unbedingt gewinnen. Sein Minimalziel war wahrscheinlich, nicht k.o. zu gehen und über zwölf Runden durchzuhalten. Dann wäre Foreman zwar Sieger nach Punkten, aber Ali hätte immerhin einen Achtungserfolg erzielt. Sein Maximalziel war, George Foreman möglichst schon in der ersten Runde k.o. zu schlagen und ihn daran zu hindern, seine Schlagstärke überhaupt zu entfalten.

Auf der Grundlage dieser beiden Ziele entwickelte Muhammad Ali seine generelle Strategie und Taktik. Diese sah jetzt so aus, in der ersten Runde unkonventionell zu beginnen und durch einen Lucky Punch den Kampf zu beenden. Wenn dies nicht klappt, sah Alis Strategie im zweiten Schritt vor, Foreman in den folgenden Runden zu ermüden, um dann selbst den entscheidenden Schlag setzen zu können.

Wie wir wissen, ging diese Strategie auf. Wäre das nicht der Fall gewesen, hätte Ali wahrscheinlich noch weitere Runden abgewartet und sich flexibel auf die konditionelle Entwicklung seines Gegners eingestellt.

Doch all diese Überlegungen reichten nicht. Denn sie bezogen sich alle nur auf die situative Mikroebene des Kampfes selbst. Was Ali brauchte, war eine übergeordnete Strategie auf der Metaebene. Diese bestand darin, Foreman schon im Vorfeld des Kampfes eine bestimmte Betrachtungsweise über den Kampfverlauf aufzuzwingen und sich von dieser Sichtweise sowohl in der Vorbereitung als auch im Kampf selbst leiten zu lassen. Die gezielte Desinformation beziehungsweise Falschinformation des Gegners bildete also für Muhammad Ali einen ganz wesentlichen Teil seiner Strategie.

Deshalb wollen wir uns die Kommunikationswege noch einmal genauer anschauen: Eine direkte Verbindung zwischen Ali und George Foreman gab es nicht. Selbst wenn sie bestanden hätte, wäre das, was Ali seinem Gegner George mitteilen wollte, von diesem nicht als besonders glaubwürdig angesehen worden. Vielleicht wäre George sogar auf die Idee gekommen, dass er ganz bewusst mit falschen Informationen gefüttert wurde.

Also wählte Ali einen anderen Weg. Er hielt die Presse stets auf dem Laufenden darüber, was er zu trainieren vorgab und wie er den Kampf angeblich zu gestalten gedachte. Alles, was er der Presse erzählte, klang sehr logisch und plausibel, so dass diese keinen Verdacht schöpfte, dass sie vielleicht nur als Instrument benutzt werden könnte. Außerdem klangen Alis Geschichten immer so gut, dass man sie gern abdruckte.

Natürlich analysierte der Coach von George Foreman alles, was in den Zeitungen stand. Er ging wie viele andere Menschen davon aus, dass das, was dort schwarz auf weiß gedruckt stand, auch der Wahrheit entsprach. Deshalb bereitete er George auch genau in der Weise vor, wie es Ali geplant hatte.

Dieses kommunikative Viereck zwischen Ali, Presse, Foremans Coach und George Foreman selbst finden wir im übertragenen Sinne auch bei den Kommunikations- und Beziehungswegen zwischen Unternehmen wieder. Hier haben wir in der einen Ecke den Einkauf und in der gegenüberliegenden den Verkauf. Die beiden anderen Ekken sind die Fachabteilungen, hauptsächlich die Technik auf der Seite des Einkaufs sowie auf der Seite des Verkaufs.

Wie sind nun die Beziehungen zwischen dem Einkauf und dem Verkauf? Nun, wir alle wissen, dass dort nicht immer mit offenen Karten gespielt wird und dass das, was gesagt wird, nicht immer der vollen Wahrheit entspricht.

Zwischen den Technikern auf der Einkaufs- und Verkaufsseite verhält sich das ganz anders. Hier wird ziemlich geradlinig über Fakten und Details gesprochen, hier wird nicht getrickst oder geflunkert. Es entspricht einfach nicht der Mentalität von Technikern, falsche Angaben über Leistungen und Eigenschaften von Bauteilen zu machen, weil solche Fantastereien ohnehin schnell auffliegen und die Wahrheit ans Licht käme.

Wie ist nun die Beziehung zwischen dem Techniker und dem Verkäufer auf der Verkaufsseite? Meist ist sie sehr gut, denn man sieht sich als Team, das an einem gemeinsamen Strang zieht.

Ganz anders auf der Einkaufsseite. Was die Technik hier interessiert, ist die Lösung eines bestimmten Problems und nicht der Preis. Der Einkäufer hingegen konzentriert sich meist ganz allein auf den Preis. Er wird mit all seinen bürokratischen Prozessen von der Technik auf der Einkaufsseite nur als Störenfried betrachtet, während der Verkäufer aus Sicht der Technik auf der Einkaufsseite als Teil der Lösung angesehen wird.

Also gibt es zwischen den beiden Technikern und dem Verkäufer eine ganz hervorragende Verbindung. Der Einzige, der in diesem Kommunikations- und Beziehungsviereck isoliert ist und bei den Gesprächen möglichst außen vor gehalten wird, ist der Einkäufer. Wenn der Einkäufer erfolgreich sein will, muss sich genau dies ändern.

Während zwischen dem Verkäufer und den beiden Technikern ein reger Austausch stattfindet, sprechen Einkäufer und Verkäufer allenfalls über den Preis. Die Kommunikation zwischen dem Einkäufer und seinem eigenen Techniker läuft häufig nur in eine Richtung, nämlich dass der Techniker dem Einkäufer sagt, was er braucht, nachdem er dies mit seinen beiden anderen Partnern auf der Verkaufsseite schon vorab geklärt hat.

Es ist also ganz wichtig, dass sich der Einkäufer zunächst einmal um das Verhältnis zu seinem eigenen Techniker kümmern muss, um selbst wieder Teil des Kommunikationsprozesses zu werden. Er muss sich bemühen, eine Beziehung herzustellen, die über die eigentlichen Sachfragen hinausgeht.

Im Alltag finden geschäftliche Besprechungen und Verhandlungen meist in den Räumen des Kunden statt. Der Verkäufer und sein Techniker reisen gemeinsam an und verbringen dadurch schon viel Zeit miteinander, sprechen über private Dinge und stimmen unter anderem ihre Strategie und Taktik ab. Manche führen regelrechte Rollenspiele durch, die die spätere Verhandlung abbilden sollen.

Auf der Einkaufsseite findet so etwas meist gar nicht statt. Man trifft sich oft erst ein paar Minuten bevor die Verhandlung beginnt. Deshalb empfehle ich gerne, die Situation genau umzukehren. Der Einkäufer und sein Techniker sollten den Verkäufer aufsuchen. Dadurch, dass man sie gemeinsam auf die Reise schickt, lernen sie sich besser kennen und haben so eine reelle Chance, zu einem Team zusammenzuwachsen, das dann auch in der Lage ist, gemeinsam Ziele zu verfolgen und sich gemeinsam auf die Verhandlung vorzubereiten.

Um sich gegenseitig besser kennenzulernen, braucht es einfach Zeit, die im Alltag eines Unternehmens meist nicht vorhanden ist und die oft genug auch schlicht als Zeitverschwendung (neben den vermeintlich vermeidbaren Reisekosten) betrachtet wird. Mein Rat an Unternehmen lautet also: Schicken Sie Einkäufer und Techniker gemeinsam zum Verkäufer. Die Verhandlungsergebnisse werden in Zukunft vorteilhafter ausfallen.

Doch noch einmal zurück zum Boxkampf zwischen Muhammad Ali und George Foreman: Ali gewann den Kampf ja dadurch, dass er Foreman bestimmte Informationen zugespielt hat, die diesen in seinem Verhalten beeinflussten und von denen er sich während des Kampfes auch nicht mehr freimachen konnte. Ali war bekannt dafür, im

Vorfeld vorherzusagen, in welcher Runde er den Gegner k.o. schlagen würde. Und meistens kam es dann auch genau, wie vorhergesagt. Vorhersagen über das, was in zukünftigen Situationen passieren wird, sind also für unser Verhalten von großer Bedeutung.

Frage an Professor Neuro: Welche Rolle spielen Vorhersagen für das Gehirn?

Den meisten Menschen ist nicht bewusst, wie wichtig Vorhersagen und die damit verbundenen Erwartungen sind, um überhaupt unser Leben bewältigen zu können. Die Fähigkeit dazu finden wir bei allen höher entwickelten Lebewesen, die nicht nur reine Reizreaktionsmaschinen sind. Ohne die Fähigkeit, Vorhersagen zu treffen und Erwartungen zu entwickeln, würden wir nicht nur von einer Überraschung in die nächste stolpern, sondern wir könnten auch nicht zielgerichtet und planvoll handeln.

Die Voraussetzung für Vorhersagen ist einerseits die Fähigkeit zu lernen, also abgespeichertes Wissen, Erfahrungen und Erkenntnisse sinnvoll einzusetzen, und zu erkennen, oder genauer gesagt: etwas wiederzuerkennen. Vorhersagen werden deshalb in Hirnarealen getroffen, die auch für die Ver- und Bearbeitung von Erinnerungen zuständig sind.

Das Gehirn braucht Vorhersagen, mit denen es die erkannte Realität abgleichen kann. Erkennen bedeutet weitaus mehr als nur Wahrnehmen. Im Gehirn gibt es sogenannte primäre Sinnesareale, deren Aktivierung mit Eindrücken wie Sehen, Hören, Schmecken, Riechen oder Empfinden einhergeht. Diese primären Sinnesareale geben das Wahrgenommene aber nur völlig neutral weiter.

Erst in den an diese angrenzenden Arealen, die als Assoziationszentren bezeichnet werden, wird eine erste Verknüpfung oder erste Deutung dessen vorgenommen, was gesehen, gerochen, gehört, geschmeckt oder ertastet wurde. Jedes Gehirn verfügt über ein riesiges Arsenal von Informationen, die uns in ihrer Fülle zwar niemals bewusst sind, mit denen die eingehenden Daten aber abgeglichen und dann entsprechend gedeutet werden.

Dabei ist es so, dass das Gehirn Vorhersagen macht, welche Informationen als nächste eintreffen werden. Bestätigt sich diese Vorhersage, sind keine weiteren Anpassungen der geplanten Reaktionen notwendig. Von allen Informationen, die in jedem Moment unseres Lebens in unserem Gehirn eingehen, werden die meisten als unwichtig sofort wieder verworfen, ohne dass sie auch nur die geringste Chance gehabt hätten, in das Bewusstsein weitergeleitet zu werden.

Stimmen die Vorhersagen und die Wahrnehmungen nicht überein, dann kommt es eventuell zu automatischen Reaktionen, etwa wenn wir bei einem überraschenden lauten Knall zusammenzucken. Hier noch das Bewusstsein in den Entscheidungsprozess einzubeziehen, ob man in Deckung gehen soll oder nicht, würde im Zweifelsfall die Überlebenschancen deutlich verringern.

Im Normalfall wird bei einer Diskrepanz zwischen Erwartung und Ereignis das Bewusstsein zu Rate gezogen. Es kann allerdings auch der Fall eintreten, dass wir etwas, was wir nicht erwarten, auch nicht wahrnehmen. Das ist besonders dann der Fall, wenn wir uns auf eine ganz bestimmte Aufgabe stark konzentrieren.

Bei einem Experiment sollten die Beobachter einer Gruppe von Menschen ganz bestimmte Bewegungen der Teilnehmer registrieren. Da es sich um eine schwierige Aufgabe handelte, waren sie hoch konzentriert. Dass sich dann plötzlich ein Mensch in einem Gorillakostüm unter die Gruppe mischte, wurde von den meisten Beobachtern überhaupt nicht bemerkt, obgleich dies sicherlich ungewöhnlich war.

Einerseits waren die Kapazitäten der Gehirne durch die gestellte Aufgabe vollkommen ausgeschöpft, andererseits war das Auftreten des Gorillas so weit von den Erwartungen entfernt, dass es im Gehirn nicht mehr als relevant verarbeitet wurde. »Gesehen« hatte ihn natürlich jeder, aber eben nicht wahrgenommen und als »merkwürdig« eingestuft.

Merksatz:

Das Gehirn macht ständig Vorhersagen, welche Informationen als nächste eintreffen werden, und plant entsprechende Reaktionen.

Ein anderes Element, das unsere Vorhersagen und damit auch unsere Erwartungen in sehr hohem Maße beeinflusst, sind Vorabinformationen. Wenn wir wissen, was wir zu erwarten haben, wird dies auch mit weitaus größerer Wahrscheinlichkeit so eintreten. Natürlich kann sich das Gehirn bei seinen Vorhersagen auch irren und dies erkennen. Aber das nimmt es in gewisser Weise in Kauf, indem es nämlich gerade aus solchen Irrtümern sehr schnell lernt und daraus für nachfolgende Situationen die richtigen Vorhersagen ableitet.

Nichts ist dem Gehirn so verhasst wie der schiere Zufall, denn dort versagt die Fähigkeit zur Vorhersage. Deshalb sucht das Gehirn auch stets nach verborgenen Regeln und nach möglichen Zusammenhängen zwischen Wirkung und Ursache. Schon vor Jahren konnte in Experimenten nachgewiesen werden, dass in bestimmten Aufgaben das Unbewusste komplexe Regeln durchaus erkennt, während das Bewusstsein nicht in der Lage ist, diese Regeln zu erklären.

Merksatz:

Das Gehirn sucht stets nach verborgenen Regeln. Dabei kann das Unbewusste auch Regeln erkennen, die das Bewusstsein nicht sieht.

Aber das Unbewusste sortiert nicht nur vor, was wir wahrnehmen sollen, sondern es entscheidet auch, was gespeichert werden muss und welche Erinnerungen im Zusammenhang mit einer Wahrnehmung aktiviert werden sollen. Gleichzeitig macht es uns auch im Rahmen komplizierter Regelmechanismen Entscheidungsvorschläge. Um uns entscheiden zu können, benötigen wir dann allerdings wieder Vorhersagen, aus denen wir unsere Handlungsweisen ableiten können.

Die Vorhersagen beziehen sich daher nicht nur auf alle Veränderungen in unserer Umgebung, sondern auch auf aktuelle eigene Handlungen oder auf mittel- oder langfristige Reaktionen. All das passiert zu 95 Prozent unbewusst. Im Zusammenspiel von Erinnern und Vorhersagen gleicht das Gehirn ständig Neues gegen Bekanntes ab. Würde dieser permanente Prozess unterbrochen werden, entstünden keine neuen Erinnerungen mehr, die auch neue Vorhersagen zulassen würden.

Es ist für den Menschen also wichtig zu wissen, was war, um zu wissen, was ist und was im nächsten Moment, in einer Stunde oder zu irgendeinem anderen Zeitpunkt in der Zukunft sein wird. Deshalb wurde das Gehirn mit seinen Funktionen Wahrnehmen, Speichern, Erinnern und Entscheiden als Vorhersageinstrument in einer Weise optimiert und perfektioniert, wie wir es bei keinem anderen Lebewesen finden.

Die Vorhersagen beziehen sich auf fast alles und jedes, nicht nur auf die großen existenziellen Fragen. Trotzdem interessiert uns nicht alles. Deshalb ist es für das Gehirn notwendig, zwischen wichtig und unwichtig zu entscheiden.

Zur Steuerung der Reizverarbeitung hat das Gehirn ein relativ simples System. Wir wollen ja nicht jeden Moment wissen, ob uns der Schuh drückt oder die Hose ein wenig kneift, sondern wir wollen das wahrnehmen, was für uns wichtig ist. Das heißt, alle unsere Sinnesorgane werden permanent mit Informationen versorgt. Die Wahrnehmungsebene im Gehirn wird das für uns Wichtige oder von uns im Moment Gewünschte hervorheben.

Es gibt im Gehirn ein System, das Formatio reticularis genannt wird. Dies ist etwa vergleichbar mit einem Scheinwerfer in einem Zirkuszelt. Auch in einem Zirkus passiert sehr viel gleichzeitig, das Publikum ist unruhig, und in der Manege wird gearbeitet, aber das wichtige Geschehen ist oben am Trapez, und dieses Geschehen wird mit einem Scheinwerfer angestrahlt.

Ähnlich funktioniert das im Gehirn: Wir geben ganz bestimmten Sinnesreizen Vorfahrt, in die höheren Bereiche des Gehirns vorzudringen, sofern sie nicht den Vorhersagen entsprechen oder eine besondere, meist emotional gefärbte Bedeutung haben beziehungsweise an als wichtig markierte Erinnerungen anknüpfen, was meist dasselbe ist. Es gibt bestimmte Sinnesreize, die immer Vorfahrt haben, und dazu gehört der Schmerzreiz. Ein Schmerzreiz hat immer Vorfahrt und lenkt uns innerhalb von Sekunden von jeder anderen Sache ab

Im Prinzip müsste man aus dem bisher Gesagten schließen, dass das Gehirn die gewohnte Routine am meisten schätzt, weil die dort getroffenen

Vorhersagen am häufigsten eintreten und sich von daher das angenehme Gefühl von Sicherheit und Geborgenheit einstellt. Das ist bis zu einem gewissen Maße auch richtig. Doch es geht damit auch das Gefühl der Langeweile einher.

Die Tatsache, dass das menschliche Gehirn auch darauf programmiert ist, neue Erfahrungen zu sammeln, steht im Gegensatz zur Routine. Wahrscheinlich hört das Belohnungssystem irgendwann auf, richtige Vorhersagen und Erwartungen zu belohnen, und beginnt stattdessen, die Suche nach Neuem anzutreiben, neue Dinge kennenzulernen und zu erproben.

Die grundsätzliche Aufgabe des Gehirns besteht nicht nur darin, das Überleben des einzelnen Menschen zu sichern, sondern auch das der Gruppe, zu der er gehört. Deshalb ist das Gehirn von Natur aus auch ein soziales Organ. Die Fähigkeit, Annahmen über Gefühle, Bedürfnisse, Bewertungen, Erwartungen und Absichten bei anderen Menschen vorzunehmen, werden in den Kognitionswissenschaften mit der Theory of Mind erklärt. Die wichtigsten Funktionen des Gehirns sind auch in diesem Zusammenhang das Erkennen und das Vorhersagen.

Bezogen auf Verhandlungen lässt sich somit also der ganz simple Schluss ziehen, dass Verhandlungen umso erfolgreicher verlaufen werden, je besser wir sie vorbereiten. Und vorbereiten bedeutet in diesem Zusammenhang nicht nur, die unterschiedlichsten Fakten zu sammeln, sondern auch Ziele zu definieren und uns Strategien und Taktiken zurechtzulegen, mit denen wir diese erreichen wollen. Das menschliche Gehirn hat nun einmal die Fähigkeit zu planen, und es wäre ganz einfach dumm, diese nicht zu nutzen.

Jede Verhandlungsvorbereitung gliedert sich in die drei Elemente:

1. Erkennen und Bewerten der eigenen Ausgangsposition und der des Verhandlungspartners

- Welche Zahlen, Daten, Fakten gibt es?
- Welche Informationen bieten Marktanalyse, Wettbewerb? Gibt es Alternativen?

- Wie ist meine eigene Position in der Verhandlung?
- Wo findet die Verhandlung statt?
- Wie ist der Zeithorizont?
- Wer nimmt an der Verhandlung teil?
- Wie sind die Beziehungsverhältnisse?
- Profiling: Was weiß ich über den/die Gesprächspartner?
- Welche Ansichten und Positionen vertritt die Gegenseite?

2. Beschreibung der Ziele

- Realistisch, messbar, terminiert.
- Minimal- und Maximalziel schriftlich fixieren.
- Überschneidungen mit Verhandlungspartner abschätzen.
- Worst-Case-Szenario.

3. Entwicklung von Strategie und Taktik

Sammeln Sie Informationen

> ***Merksatz:***
>
> *Je mehr Informationen Sie bereits vor der Verhandlung haben, desto weniger müssen Sie im Gespräch noch sammeln.*

Um die Ausgangspositionen so exakt und realitätsnah wie möglich und in allen Details zu erfassen, sollten Sie geradezu akribisch alle Informationen sammeln, die Sie erhalten können. Dadurch können Sie sich wie bei einem Puzzle ein möglichst genaues Bild machen, was Sie bei der Verhandlung erwartet.

Merksatz:

Die Partei, die so viele Informationen wie möglich sammelt, bevor sie Entscheidungen trifft, macht weniger Fehler und kann die Schwächen der Gegenseite fast immer nutzen.

Klären Sie Preisunterschiede

Fallbeispiel:

Ein Bekannter informierte mich eines Tages, dass er jetzt eine Quelle habe, bei der er originalverpackte Markenhandys für ungefähr ein Zehntel des Ladenpreises kaufen könnte. Er fragte, ob ich nicht auch eines haben wollte. Natürlich lachte da das Einkäuferherz, und mein Belohnungssystem sagte »Ein Schnäppchen, greif zu.« Doch alle anderen Systeme im Gehirn gaben Alarm.

Mein Gedächtnissystem erinnerte mich daran, dass es bei solchen Schnäppchen in der Vergangenheit nie mit rechten Dingen zugegangen war, mein emotionales System gab mir ein ungutes Bauchgefühl, und auch mein Entscheidungssystem äußerte Bedenken. Also habe ich, bevor ich eine Entscheidung traf, ein wenig nachrecherchiert. Und siehe da, die Handys waren »vom Lkw gefallen«. Also ließ ich die Finger davon und riet auch meinem Bekannten davon ab.

In meiner früheren Praxis als Einkäufer, aber auch bei den Teilnehmern meiner Seminare, habe ich festgestellt, dass man immer wieder mit Angeboten konfrontiert wird, die so eindeutig unter dem Preis der Wettbewerber liegen, dass man eigentlich gar nicht anders kann, als zuzugreifen. Der Fehler, den man oft macht, besteht darin, erstens nur auf den Preis zu schauen und zweitens die Situation isoliert und nicht im Zusammenhang mit weiteren Entwicklungen zu betrachten.

Ein guter Einkäufer sollte deshalb immer zusätzliche Informationen sammeln, indem er gravierende Preisdifferenzen hinterfragt. Man sollte auch den Verkäufer bitten zu erklären, warum sein Angebot so viel günstiger ist. Tatsächlich stellt sich dann oft heraus, dass die Produkte oder Leistungen nicht eins zu eins vergleichbar sind, sondern sich in Details, die durchaus von Bedeutung sein können, ganz erheblich unterscheiden.

So kann ein Gerät mit derselben Funktion beispielsweise entweder ein Plastik- oder ein Metallgehäuse haben. Wird es äußerlich nicht strapaziert, spielt das vielleicht keine Rolle. Was aber, wenn es im Alltag ständig Stöße oder andere mechanische Belastungen aushalten muss? Dann kann die Art des Gehäuses auf einmal ganz entscheidend sein.

Lassen sich Preisdifferenzen auf diese Weise nicht erklären, müssen wir nach anderen Ursachen suchen. Natürlich wird ein Verkäufer nur sehr ungern zugeben, dass es sich um einen politischen Preis handelt oder um einen Einstiegspreis, mit dem er sich die Tür zu einem neuen Kunden öffnen möchte.

Zu den wichtigsten Informationen gehören Zahlen, Daten und Fakten, also das »ZDF« der Verhandlung. Um Preise zu verstehen, muss man den Markt analysieren, auch als Laie. Doch das setzt voraus, ihn zunächst einmal überhaupt zu kennen.

Wie sieht der Markt aus?

Um die mit der Marktanalyse zusammenhängenden Aspekte deutlich zu machen, nehme ich das Beispiel Gebrauchtwagenkauf. Die erste Frage lautet: »Wie sieht der Markt überhaupt aus, auf dem wir uns beim Gebrauchtwagenkauf bewegen können und bewegen wollen?«

Früher bildete sich der gesamte Automarkt einer Region im Anzeigenteil der örtlichen Tageszeitung ab. Dort fand man nach Marken und Modellen sortiert die Angebote von Privatverkäufern sowie die der örtlichen Händler. Man hatte die Möglichkeit, entweder von privat, von freien Händlern oder von markengebundenen Händlern zu kaufen. Doch das war noch längst nicht der Gesamtmarkt, sondern nur der der Region.

Wer einen größeren Überblick haben wollte, musste sich auch noch die Tageszeitungen von anderen Städten am Bahnhof besorgen und stellte dann zum eigenen Erstaunen oft fest, dass bestimmte Fahrzeuge, zum Beispiel Kleinwagen, in Hamburg billiger waren als in München, während große Fahrzeuge wie die Mittelklasse von Mercedes in Dortmund oder Duisburg günstiger zu kaufen waren als im Norden oder Süden der Republik.

Heute ist der Markt durch das Internet mit seinen Verkaufsportalen und durch die Datenbanken der Händler einerseits zwar transparenter und um ein Vielfaches größer geworden, andererseits schrumpften die Preisunterschiede zwischen den verschiedenen Regionen. Für einen Käufer kommt es heute nicht mehr nur darauf an, in entsprechender Weise auf ein limitiertes Angebot seines regionalen Marktes zu reagieren, sondern die eigenen Anforderungen sehr viel präziser zu beschreiben, um danach die Marktinformationen zu sammeln.

Möchte man ein bestimmtes Modell einer bestimmten Marke oder möchte man bestimmte Transportaufgaben mit einem dafür geeigneten Fahrzeug lösen? Je nachdem, von welcher Fragestellung man ausgeht, wird man zu ganz unterschiedlichen Marktbetrachtungen kommen. Manchen Autokäufern ist es nicht nur wichtig, welches Auto sie bekommen, sondern auch bei wem sie kaufen; anderen ist das vollkommen egal. Damit wären wir schon beim Thema Alternativen.

Viele Märkte wie der Gebrauchtwagenmarkt sind heute so groß und unübersichtlich, dass sie als Ganzes überhaupt nicht mehr erfasst werden können. Man muss also, um eine sichere Ausgangsposition zu finden, eigene Spezifikationen vornehmen, um den Markt überhaupt eingrenzen zu können.

Beim Immobilienmarkt ließ sich früher der Preis von Miet- oder Kaufobjekten nach bestimmten Stadtvierteln, nach Größe und Alter ziemlich genau bestimmen und vergleichen. Heute spielt oft schon die Lage in einer bestimmten Straße eine Rolle und nicht mehr nur das Stadtviertel, und auch die Ausstattung und die spezifische

Wohnsituation haben ganz eindeutig an Gewicht gewonnen. All dies gilt es bei einer Marktanalyse zu berücksichtigen.

Wenn man vom Markt, der für die eigenen Wünsche und Absichten infrage kommt, eine möglichst genaue Kenntnis hat, wird man in der Lage sein, die eigene Situation besser zu definieren und auch die der potenziellen Verhandlungspartner. Die sogenannte Abwrackprämie für Altautos hat uns dies in der ersten Hälfte des Jahres 2009 ebenfalls ganz deutlich vor Augen geführt.

Wie ist meine eigene Position in der Verhandlung?

Wenn Sie vor einer Verhandlung bereits genau die Position kennen, die Sie vertreten sollen, wollen und dürfen, dann können Sie sich im Gespräch leichter auf die Gegenseite konzentrieren. Klären Sie deshalb im Vorfeld folgende Fragen:

- Welche Kompetenzen und Befugnisse habe ich in diesem speziellen Fall?
- Kann ich die Interessen derjenigen, die ich repräsentiere, allein vertreten, oder benötige ich Unterstützung?
- Wann sollte ich die Verhandlung blockieren, um keine Fehler zu machen?
- Welche Konsequenzen haben Form, Inhalt und Ausgang der Verhandlung für meine Firma und für mich?
- Welche Kosten ergeben sich aus der Verhandlung?
- Welche Alternativen gibt es zu dieser Verhandlung und diesem Verhandlungspartner, und wie attraktiv sind diese?
- Welche Bedürfnisse habe ich? Sollen und können diese in der Verhandlung befriedigt werden?
- Wer hat innerhalb meiner Firma welche Interessen an der Verhandlung?

- Wie ist die Position dieser Personen im Verhältnis zu meiner?
- Kann ich meine Position rechtfertigen, und wie?
- Gibt es innere und äußere Faktoren, die mich unter Druck setzen?
- Kann ich diese aus dem Weg räumen?
- Gibt es im Zusammenhang mit der Verhandlung Fristen, oder entstehen dadurch welche?
- Welche Konsequenzen sind mit den Fristen verbunden, und sind die Fristen selbst verhandelbar?

Sorgen Sie für die richtigen Vorabinformationen!

Jeder sollte sich Gedanken über das eigene Image machen, denn niemand weiß, auf welchen Wegen Informationen zur eigenen Person zu den Verhandlungspartnern fließen. Niemand kann heute mehr alle Informationen kontrollieren, die über ihn vorhanden und im Umlauf sind. Also ist es wichtig, an den entscheidenden Stellen den von mir gewünschten und gestalteten Input zu geben, der dann wieder anderen als Vorabinformation zur Verfügung steht.

Wer sind meine Gesprächspartner, und was weiß ich über sie?

Unabhängig davon, ob Sie nur mit einer einzelnen Person verhandeln oder mit mehreren, versuchen Sie auf jeden Fall, so viele Informationen wie möglich über den oder die Gesprächspartner in Erfahrung zu bringen, bevor Sie mit der Verhandlung beginnen.

Fallbeispiel:

Ein Bekannter von mir arbeitete einmal für kurze Zeit als Führungskraft in einem Familienunternehmen, das vom Gründer geführt wurde. Dieser war ein gerissener und leider auch nur zielorientierter Geschäftsmann, der es um alles in der Welt vermied, in Situationen zu geraten, die er nicht zu 100 Prozent dominieren konnte. Deshalb überließ er die Verhandlungen stets anderen, behielt sich aber jede Entscheidung selbst vor.

Eine für diesen Inhaber typische Situation schilderte mein Bekannter so: Er brauchte für seine Abteilung einige Arbeitsmaterialien im Wert von ein paar hundert Euro, die extern beschafft werden mussten. Also ging die Bestellung an die Frau des Inhabers, die die Abteilung Einkauf und Buchhaltung leitete.

Kurz darauf wurde mein Bekannter zum Chef gerufen und für diese Bestellung zur Rede gestellt. Er war verwundert, für das, was ihm als Selbstverständlichkeit erschien, Rechenschaft ablegen zu müssen, und sagte: »Als Führungskraft werde ich doch wohl solche Entscheidungen selbstständig fällen können.« »Natürlich können Sie das«, lautete die Antwort. »Sie brauchen mich bloß zu fragen.«

Auf solche paradoxen Situationen werden Sie in der Verhandlungspraxis immer wieder stoßen. Da haben Sie manchmal stundenlang mit Ihrem Gegenüber hart verhandelt, und beide Seiten sind dem anvisierten Verhandlungsziel sehr nahe gekommen, als Ihr Gegenüber sagt: »Ich werde das jetzt meinem Chef vorlegen, damit er es genehmigt.«

Eigentlich sollten Sie schon in der Verhandlungsvorbereitung herausgefunden haben, ob Ihr Verhandlungspartner über Entscheidungskompetenz verfügt oder nicht. Hat er sie nicht, versuchen Sie besser gleich, mit der entscheidenden Person direkt zu verhandeln. In dem oben genannten Beispiel wäre das aber wahrscheinlich nicht möglich gewesen.

Wenn die Befugnisse der Gegenseite nur auf die Verhandlung selbst bezogen sind, aber nicht die Entscheidung beinhalten, sollten Sie in diesem Sachverhalt entsprechend auch Ihre Befugnisse ganz klar einschränken, um das Gleichgewicht zu bewahren. Klären Sie die Frage der Entscheidungsbefugnis möglichst schon zu Beginn des Verhandlungsgesprächs.

In bestimmten Fällen, wenn Sie es beispielsweise mit einem übermächtigen Geschäftspartner zu tun haben und selbst nicht in der Rolle des Goliath, sondern des David sind, kann es durchaus zweckmäßig sein, einen Unterhändler in die Verhandlung zu schicken, der keine Entscheidungskompetenz hat.

Durch die Trennung von Verhandlung und Entscheidung vergrößern Sie auf jeden Fall Ihren Spielraum. Das Gleiche gilt für Verhandlungen, die Sie persönlich emotional stark berühren. Denken Sie immer daran, dass ein guter Anwalt sich vor Gericht nie selbst vertreten wird.

Fallbeispiel:

Ich wurde einmal von einem 60 Jahre alten Vertriebsleiter eines Zulieferers in der Automobilindustrie engagiert, um ihm bei den Verhandlungen mit einem 34-jährigen Einkäufer bei einem Autohersteller zu helfen. Es gab bei den beiden Verhandlungsparteien offensichtlich auf der emotionalen Ebene überhaupt keine Gemeinsamkeiten, sondern nur Differenzen.

Wir haben also gemeinsam das nächste Gespräch vorbereitet, und nach der Sitzung sagte mein Kunde: »Herr Gamm, das lief alles wie geplant. Ich habe mich nicht provozieren lassen, und ich habe auch nicht gezuckt, wenn er mir verbal gegen das Schienbein getreten hat. Das Tollste für mich war aber, wir haben am Ende sogar einmal gemeinsam gelacht.« Das erschreckte mich. Dass Lachen als emotionales Erlebnis für meinen Kunden erwähnenswert war, hatte ich nicht erwartet. Lachen ist für mich ein ganz normaler Teil der Kommunikation. So kamen wir doch nicht weiter.

Im Anschluss haben wir ein Profiling des Einkäufers erarbeitet und dabei unter anderem auch berücksichtigt, wie er sich auf einer Internetplattform darstellt. Auf dem Bild sah man ihn mit gegeltem Haar und aufgeknöpftem Hemd verführerisch in die Kamera lächeln. Seine Hauptkontaktpersonen waren zur Hälfte Stewardessen, Models und andere attraktive, junge Frauen aus der Medienbranche. Es war also klar, dass ihn ein 60-jähriger Vertriebsleiter relativ wenig interessierte.

Also haben wir eine attraktive und blitzgescheite 35-jährige Frau aus dem Unternehmen des Verkäufers gesucht, die jetzt seine Rolle übernehmen sollte. Nach dem ersten Treffen mit dem Kunden entstand der Eindruck, die junge Frau hätte mit einem ganz anderen Menschen verhandelt als der Vertriebsleiter. Der Einkäufer reagierte plötzlich überhaupt nicht mehr dominant und aktionsorientiert, sondern komplett beziehungsorientiert. Mit einem so sympathischen und zuvorkommenden Gesprächspartner wollte die nette junge Dame gern noch weitere Verhandlungen führen.

Natürlich ist für Sie bei einer Verhandlung mit einer Gruppe der Verhandlungsführer von größter Bedeutung, aber es kann durchaus sein, dass seine Worte oder die seiner Berater ein ebenso großes Gewicht besitzen wie die des Verhandlungsführers selbst und dass die Entscheidungskompetenz eventuell bei einer Person liegt, die sich während der Verhandlungen vollkommen zurückhält und in den Verhandlungsablauf überhaupt nicht eingreift. Deshalb ist es wichtig, bei mehreren Verhandlungspartnern deren Status innerhalb des Unternehmens festzustellen. Wer von ihnen hat Verhandlungsbefugnisse, und wer hat die Abschlusskompetenz? Gibt es Informationen aus der Vergangenheit bezüglich der Vorgehensweise, der Methoden und der Verhaltensweise Ihres Gesprächspartners oder Ihrer Gesprächspartner?

In diesem Zusammenhang müssen Sie klären, ob in Ihrem eigenen Unternehmen jemand schon entsprechende Erfahrungen sammeln konnte oder ob jemand eine Person kennt, auf die dies zutrifft. Vielleicht gibt es auch frühere Kollegen, die inzwischen aus dem Unternehmen ausgeschieden sind, die über solche Erfahrungen verfügen.

Nutzen Sie Ihr Netzwerk innerhalb der Branche, um Informationen zu gewinnen. Das gilt auch für persönliche Daten wie Hobbys, Geburtstag, Essensvorlieben, Familie, Politik, Religion, Urlaub und noch vieles andere. Oft genug verraten Leute im Internet oder in entsprechenden Portalen mehr über sich, als sie eigentlich beabsichtigt haben.

Auch Informationen über die Firma oder Organisation Ihres Verhandlungspartners sind wichtig. Schauen Sie sich die entsprechende Homepage an, suchen Sie auf den Seiten der Industrie- und Handelskammer nach geeigneten Hinweisen, durchforsten Sie die Branchenpresse und Mediendienste und nutzen Sie so viele Chancen wie möglich.

Wenn die Verhandlung auf neutralem Boden stattfindet, kann es durchaus zweckmäßig sein, sich die Firma und die Umgebung im Vorfeld genauer anzuschauen. Liegt sie in einem neu erschlossenen Gewerbegebiet oder auf dem Gelände, auf dem sie vor 150 Jahren gegründet wurde? Macht das Unternehmen einen freundlichen und offenen Eindruck, oder ist es durch Stacheldraht und Schlagbaum gegen jeden Besucher abgeriegelt?

Wohnt der Inhaber eines mittelständischen Unternehmens in der Nähe seiner Fabrik? Viele Patriarchen lieben es, ihre Villen auf Hügeln in der Nähe zu bauen, um stets einen Blick auf ihre Firma haben zu können. Wer wie ein König in seinem kleinen Reich lebt, wird anders verhandeln als ein Manager, der zwischen seinem Privatleben und seiner Funktion einen deutlichen Unterschied macht.

Welche Ansichten und Positionen vertritt die Gegenseite?

Wenn Sie sich mit der Gegenseite befassen, konzentrieren Sie sich vor allem auf deren Stärken und nicht so sehr auf deren Schwächen. Stellen Sie sich folgende Fragen:

- Welche Argumente der Gegenseite sind besonders stark und wie will ich diese behandeln?
- Mit welchen Einwänden muss ich rechnen?
- Was sind die Ziele der Gegenseite?
- Wie abhängig ist die Gegenseite von der Zielerreichung?
- An welche Fristen ist die Gegenseite gebunden?

- Weshalb verhandelt die Gegenseite überhaupt?
- Hat die Gegenseite Alternativen zu der Verhandlung mit mir und wenn ja, welche?
- Gab es in der Vergangenheit bereits ähnliche Verhandlungen mit dieser Partei? Worum ging es, und wer hat teilgenommen?
- Wurden bei früheren Verhandlungen Zugeständnisse gemacht und aus welchen Gründen?
- Welche Grundbedürfnisse hat die Gegenseite, und stehen diese im Einklang mit der Position, die sie in der Verhandlung vertreten wird?
- Ist der Verhandlungspartner befugt, Abschlüsse zu tätigen, und wenn nicht, warum nicht?
- Wer ist der eigentliche Entscheider?
- Wie sieht die Gegenseite die Marktverhältnisse und ihre Wettbewerber?

Es macht einen Riesenunterschied, ob man mit jemandem nur einmal im Leben eine Verhandlung führt und ihn dann niemals wiedersieht oder ob eine längere Geschäftsbeziehung besteht beziehungsweise in Zukunft bestehen soll. Bei einem Einmalgeschäft kann es jedem der Verhandlungspartner ziemlich gleichgültig sein, was der andere denkt, solange die eigenen Ziele erreicht worden sind. Bei einer längeren Geschäftsbeziehung ist das natürlich ganz anders.

Das bedeutet, man zahlt bei jeder Verhandlung nicht nur auf das gegenwärtige Geschäft ein, sondern investiert auch in die zukünftige Vertrauensbasis. Eine gute Geschäftsbeziehung wird in der Regel von keiner der beiden Seiten in Gefahr gebracht werden. Das heißt, wenn es unterschiedliche Auffassungen gibt, wird nicht gleich die gesamte Beziehung infrage gestellt, sondern man wird sich gemeinsam leichter auf die Metaebene begeben können, um Probleme zu beseitigen.

Checkliste: So bereiten Sie eine Verhandlung mit einem Lieferanten vor

Allgemeines zum Lieferanten:

- Welche Gesellschaftsform hat das Unternehmen?
- Wie ist die Firma organisiert?
- Welche Position hat der Einkauf innerhalb der Unternehmenshierarchie?
- Wie viele Mitarbeiter hat das Unternehmen insgesamt?
- Welche Produkte werden hergestellt?
- Welche Rolle spielt das eingekaufte Teil innerhalb der Produktion?
- Wie gut ist der Lieferant zu erreichen?
- Gibt es eine gute Anbindung per Straße, Bahn oder Schiff?
- Wie groß ist die Entfernung zwischen Ihrem Unternehmen und dem Lieferanten?

Produktion des Lieferanten:

- Wie ist der Zustand der technischen Anlagen?
- Wie groß sind die Kapazitäten?
- Wie stark sind die Maschinen ausgelastet?
- Wie flexibel kann der Lieferant auf Auftragsänderungen reagieren?
- Welche Fertigungsverfahren werden eingesetzt?
- Wie hoch ist das technische Know-how?
- Gibt es eine eigene Forschungs- und Entwicklungsabteilung?
- Gibt es verschiedene Produktionsstätten? Wenn ja, wie wirken diese zusammen?

Qualitätssicherung beim Lieferanten:

- Nach welchen Grundsätzen wird die Qualitätssicherung durchgeführt?
- Gibt es Qualitätszertifikate nach DIN EN ISO 9001?
- Werden dem Einkauf Qualitätsunterlagen vorgelegt?

Lagerhaltung und Service des Lieferanten:

- Wie steht es mit der Lieferzuverlässigkeit?
- Ist der Lieferant in der Lage, auf Just-in-Time-Lieferung umzustellen?
- Ist er bereit, in Notfällen mit Rat und Tat in der Produktion seines Abnehmers auszuhelfen?

Bonität des Lieferanten:

- Wie hat sich der Umsatz in den vergangenen drei Jahren verändert?
- Wie hat sich der Gewinn in den vergangenen drei Jahren verändert? Gab es eventuell Verluste?
- Wie ist die Marktstellung des Lieferanten?
- Wie stark ist die Konkurrenz?
- Wie steht es um die aktuelle Auftragslage?
- Wie viele Kunden hat der Lieferant?

Verhandlungsstruktur:

- Bei wem liegen alle Verhandlungsvorbereitungen? Wie komplett sind diese?
- Sind alle eigenen Verhandlungsteilnehmer über die Ziele der Verhandlung und ihre Rolle dabei informiert?
- Wer schreibt das Protokoll? Wer führt die Verhandlung?

- Ist die genaue Vorgehensweise bei der Verhandlungsführung festgelegt?
- Wann und wie werden die eigenen Argumente präsentiert?
- Ist festgelegt, wer zu welchem Zeitpunkt eine Gegenkalkulation und die Marktergebnisse erläutert?
- Wer analysiert die Reaktionen des Lieferanten und legt eine entsprechende Verhandlungsstrategie vor?
- Sitzen beim Lieferanten auch diejenigen Personen in der Verhandlung, die Entscheidungen treffen dürfen?
- Kennt der Lieferant die Tagesordnung im Voraus?
- Ist genügend Zeit vorhanden, notfalls eine weitere Verhandlungsrunde durchzuführen?
- Welche Vor- und Nachteile entstehen, wenn die Verhandlung notfalls abgebrochen wird, da der Verhandlungsstand nicht der Zielsetzung entspricht?
- Haben Sie daran gedacht, dass der erste Termin nicht immer zum Erfolg führt? Planen Sie unter Umständen zwei bis drei Gespräche ein, um zum gesetzten Ziel zu kommen.

Typologien helfen, Verhaltensweisen zu erkennen und vorherzusagen

Beim Verhandeln machen viele Menschen den Fehler, dass sie ihrem Gegenüber gleiche oder zumindest doch sehr ähnliche Verhaltensmuster und Motive unterstellen, wie sie sie selbst haben. Dass es ganz erhebliche Unterschiede gibt, merke ich zum Beispiel immer wieder, wenn ich mit meiner Frau zu gemeinsamen Entscheidungen kommen möchte.

Ich selbst bin jemand, der sehr initiativ und dominant nach dem DISG-Modell ist. Meine Frau hingegen ist eher stetig und gewissenhaft. Ich neige bei meiner Argumentation nun dazu, Chancen zu sehen und diese anpacken zu wollen. Meine Frau hingegen legt mehr Wert darauf, Risiken zu minimieren.

Wenn ich Wolken am Himmel sehe, sage ich mir, die Sonne wird schon noch hervorkommen, lass uns spazieren gehen. Meine Frau sagt dann, es kann aber auch schlechter werden, lass uns vorsichtshalber einen Regenschirm mitnehmen.

Da ich also anders denke als sie, muss ich mein Argumentationskorsett nicht so schneidern, dass es mir passt, sondern für sie maßgenau ist. Also mache ich mir die Mühe, in der Welt anderer Menschen zu denken und die Dinge aus ihrem Blickwinkel zu verstehen. »Der Köder muss dem Fisch schmecken und nicht dem Angler«. Dieser Spruch ist zwar uralt, hat aber bis heute nichts an seinem Wahrheitsgehalt verloren.

Erklärung von Prof. Neuro:

Die Hirnforschung ist leider noch nicht so weit, bestimmte Persönlichkeitsstrukturen im Gehirn erkennen und definieren zu können. Die Komplexität der gehirninternen Interaktionen ist für die heutigen Messverfahren einfach noch zu groß. Deshalb ist es sinnvoll, auf die empirischen Erkenntnisse der Psychologie zurückzugreifen.

Allerdings lassen sich bei Kaufentscheidungen schon individuelle Unterschiede registrieren, und wenn es um die Verarbeitung von Markensignalen geht, sind deutliche Unterschiede zwischen Männern und Frauen zu erkennen. Viele Experimente haben auch schon deutlich gemacht, dass zwischen den Präferenzen, die im Gehirn sichtbar sind, und denen, die bei Marktforschungsinterviews geäußert werden, durchaus Diskrepanzen bestehen können.

Das was ein Mensch sagt, weil es zum Beispiel politisch korrekt ist, entspricht durchaus nicht immer dem, was er fühlt. So bestehen zum Beispiel durchaus Vorurteile gegen Menschen mit dunkler Hautfarbe, und zwar nicht nur bei Weißen, sondern auch bei denen, die selbst eine dunkle Hautfarbe haben. Zugeben wird dies allerdings kaum jemand, weil das Entscheidungssystem im Gehirn genau weiß, dass diese Empfindung nicht korrekt ist und eigentlich gar nicht existieren dürfte.

Das DISG-Modell

Das DISG-Modell wurde in den 1920-er Jahren von dem Psychologen Willam Moulton Marston entwickelt und in den Jahren 1970 bis 1972 von dem Verhaltenspsychologen John Geier an der Universität Minnesota verfeinert. Marston beschäftigte sich mit den Emotionen ganz normaler Menschen. Dabei stellte er fest, dass sich Menschen gegenüber ihrer Umwelt als stärker oder schwächer einschätzen und ihre Umwelt als ihnen wohlgesonnen bzw. feindlich gesonnen wahrnehmen.[1]

Ausgehend von der Wahrnehmung des Umfeldes und den Reaktionen auf das Umfeld entstanden so vier Persönlichkeitsprofile. Man kann sein Umfeld entweder generell als anstrengend und stressig wahrnehmen oder aber als angenehm und nicht stressig. Bei den Reaktionen lässt sich eher ein bestimmendes oder ein zurückhaltendes Verhalten erkennen.

Kombiniert man Wahrnehmung und Reaktion, so erhält man vier Verhaltensstile, die als

- D = dominant,
- I = initiativ,
- S = stetig oder
- G = gewissenhaft bezeichnet werden.

Natürlich sind diese verschiedenen Verhaltensstile in unterschiedlicher Ausprägung in jedem Menschen zu finden, doch die meisten neigen zu einem oder zweien mit stärkerer Tendenz.

1 Quelle: Das DISG Persönlichkeitsprofil, F. Gay, 34. Auflage 2006, Gabal-Verlag, S. 17

Das DISG-Modell beschreibt das Verhalten der Menschen im Alltag, insbesondere in der Arbeitswelt. Es ist kein psychologischer Test. Das Resultat wertet nicht, es gibt kein gut oder schlecht, es beschreibt lediglich, und diese Beschreibung kann zum Beispiel in der Teamentwicklung, als Führungskräfteinstrument oder eben auch in Verhandlungen verwendet werden.

Aus den Ausprägungen dieser Orientierung lassen sich auch Prognosen ableiten, zu welchem Verhalten Personen in bestimmten Situationen vermutlich neigen. Agieren sie dominant, vertiefen sie sich in die anstehenden Probleme primär über den Verstand, bevorzugen sie den Beziehungsaspekt von Situationen und fühlen sich wohl dabei oder bleiben sie eher vorsichtig, abwartend skeptisch und vertrauen auf die bisher gemachten Erfahrungen?

Mit Hilfe des DISG-Modells können folgende Aussagen getroffen werden:

- Was benötigt eine bestimmte (Verhandlungs-)Person, um optimal leistungsfähig zu sein? Wodurch wird sie motiviert und angetrieben?
- In welchen Situationen kommt sie an ihre Grenzen?

Wie geht die Person grundsätzlich an Aufgaben heran? Für welche (Verhandlungen) ist sie besonders gut geeignet und für welche weniger?

- Welche Rolle wird sie vermutlich in (Verhandlungs-) Teams einnehmen? Wie wird sie führen und wie sollte sie geführt werden?
- Wie sollte man am besten mit bestimmten DISG-Typen (Verhandlungsgegenüber) umgehen, um seine Ziele am besten zu erreichen?

Im Einzelnen geht es um folgende Fragen:

- Wie bin ich?
- Wer und wie ist der andere?
- Wie kommen wir zusammen, um (m)ein Ziel zu erreichen?
- Welche Präferenzen sind im Team vorhanden und welche fehlen?
- Sind die Aufgaben für die Verhandlung richtig verteilt?
- Welche Interaktionen zwischen den Teammitgliedern lösen Störungen aus?
- Wie könnten diese Störungen bearbeitet werden?
- Was muss ich tun, um in der Sprache des anderen zu sprechen?

Übersicht über die vier DISG-Typen

1. Dominanter Typ (D-Typ) »Formel-1-Rennfahrer, Marathonläufer, Vorstandsvorsitzender, Spitzenpolitiker/Bundeskanzler«

- versucht, Dinge zu ändern oder zu steuern;
- will Probleme lösen und schnelle Ergebnisse erzielen;
- bevorzugt direkte Antworten als auch vielfältige Tätigkeiten und Unabhängigkeit;
- zeigt Initiative und ist wettbewerbsorientiert, liebt Herausforderungen;
- trifft schnelle Entscheidungen;
- ist direkt, kontaktfreudig, geradeheraus;

- steht gern im Mittelpunkt: will bewundert werden
- ist durchsetzungsfähig, will andere besiegen, erfolgreich sein;
- tritt autoritär auf und will sein Umfeld kontrollieren;
- verlangt viel von sich und anderen;
- eher Einzelgänger als Teamplayer
- lässt sich nicht einengen und bevormunden;
- überschreitet Grenzen, ohne es zu merken, ist dabei mitunter verletzend.

2. Initiativer Typ (I-Typ) »Verkäufer, Moderator, Redner, Entertainer«

- knüpft gern Kontakte und möchte andere von seinen Ansichten unbedingt überzeugen;
- möchte Spaß haben, empfindet sein Umfeld als angenehm;
- ist offen, optimistisch und drückt seine Gedanken und Gefühle gerne in Worten aus;
- versucht, andere zu motivieren und arbeitet gerne im Team;
- steht gerne im Mittelpunkt: möchte gemocht werden
- handelt im Allgemeinen eher spontan und arbeitet am effektivsten, wenn er nicht kontrolliert wird;
- hat viel Energie und ist voller Tatendrang;
- verzettelt sich leicht und hat mitunter kein festes Ziel vor Augen;
- Menschen stehen vor Zielen
- ist begeisternd und inspirierend.

3. Stetiger Typ (S-Typ) »Buchhalter, Lehrer, Beamter, Fließbandarbeiter«

- ist verlässlich und kooperativ;
- scheut große Veränderungen;
- ist meist ein geduldiger Zuhörer, arbeitet lieber als Mitglied eines Teams wie als Teamleiter;
- hat Mühe sich selbst zu verkaufen;
- benötigt Anerkennung für seine Arbeit;
- entwickelt besondere Fertigkeiten und arbeitet Dinge gerne in Ruhe ab;
- präferiert ein berechenbares, organisiertes Umfeld;
- fühlt sich in einer stabilen und harmonischen Atmosphäre am wohlsten;
- legt Wert auf Sicherheit, klare Vereinbarungen und vorhersehbare Abläufe.

4. Gewissenhafter Typ(G-Typ) »Programmierer, Entwickler, Künstler, Modellbauer«

- bevorzugt strukturelle Ordnung, Disziplin und eine sachliche Atmosphäre, um Dinge in guter Qualität erledigen zu können;
- analysiert sorgfältig, will hohe Standards erreichen;
- ist sich selbst und anderen gegenüber analytisch kritisch;
- arbeitet systematisch, präzise und berücksichtigt alle Details;
- ist eher diplomatisch und bevorzugt ein klar definiertes Umfeld;
- ist bereit, Anweisungen zu befolgen, wenn diese ihm sinnvoll erscheinen; kann stur sein

- legt Wert auf Anerkennung seiner besonderen Fähigkeiten und Leistungen.[2]

Die Persönlichkeitstypen im Einzelnen:

1. Dominante Persönlichkeiten

Beispiele: Formel-1-Rennfahrer, Marathonläufer, Vorstandsvorsitzender, Spitzenpolitiker/Bundeskanzler

Merkmale: sucht Herausforderungen und neue abwechslungsreiche Aufgaben, übernimmt gerne das Kommando und ist alles in allem zuweilen eher autoritär, greift auch in schwierigen Situationen durch.

Der dominante Verhaltensstil entsteht dadurch, dass man das Umfeld als anstrengend und stressig wahrnimmt und bestimmend und mit Druck darauf reagiert. Ein Mensch mit einem hohen D-Anteil ist bereit, schnelle Entscheidungen zu treffen und ebenso schnell Resultate zu erhalten. Er führt gern und fordert die Anerkennung seiner Autorität. Dabei ist er sportlich ehrgeizig und löst gern Probleme, indem er bestehende Sachverhalte nicht einfach nur hinnimmt, sondern auch infrage stellt. Der Dominante mag es nicht, wenn man ihn kontrolliert, und hasst es, langatmige Diskussionen zu führen, sondern möchte eher klare Antworten haben. Seine Schwächen werden am besten durch Menschen kompensiert, die sich um Details kümmern und ein gewisses Feingefühl für die Bedürfnisse anderer haben. Er stellt bestehende Zustände oft in Frage und löst gerne Probleme. Der Dominante erkennt und nutzt Chancen und geht gerne mit schwierigen Situationen um. Dominante Menschen machen andere Menschen für deren Handeln verantwortlich, sie bevorzugen Wettbewerbssituationen und sind eher Einzelgänger als Teamplayer. Dominante Menschen sind durchsetzungsfähig, risikobereit, entscheidungsfreudig, konsequent und direkt.

---

2 Quelle: http://www.mensch-und-psyche.de/typenmodelle/das-disg-modell/; abgerufen am 26.3.2013

2. Initiative Persönlichkeiten

Beispiele: Verkäufer, Moderator, Redner, Entertainer

Merkmale: verbreitet Begeisterung und mag es, anderen zu helfen, ist äußerst teamfähig und kommunikativ, knüpft gerne Kontakte, zeichnet sich durch Vielseitigkeit und Optimismus aus.

Der Initiative möchte zwar auch gern bestimmen, erlebt sein Umfeld jedoch weitaus weniger stressig als der dominante Typ. Deshalb arbeitet er gern mit anderen Menschen zusammen, ist hilfsbereit und optimistisch. Es ist ihm durchaus wichtig, dass andere ihn positiv sehen, im Gegenzug sorgt er für ein angenehmes Betriebsklima. Da der Initiative mehr auf Menschen achtet, ergänzt er sich gut mit anderen, die eher faktenorientiert sind, systematisch arbeiten und ihm helfen, zeitliche Vorgaben einzuhalten. Er ist in der Lage, mit anderen sofort ein harmonisches Verhältnis aufzubauen, er unterhält gerne seine Mitmenschen und schafft es, andere mitzureißen. Der initiative Mensch verlässt sich auf die Unterstützung der anderen, er teilt Ratschläge, Arbeitsmaterial und Erfolg mit seinen Teammitgliedern. Zu seinen Schwächen zählen seine Abneigung gegen Routinearbeiten sowie seine Schwierigkeit, den Zeitaufwand für eine bestimmte Tätigkeit richtig einzuschätzen. Er kann mit Konflikten nur schwer umgehen und wehrt Kritik eher ab. Der initiative Mensch ist beziehungsorientiert, begeisternd, emotional, optimistisch, spontan, unterhaltsam.

3. Stetige Persönlichkeit

Beispiele: Buchhalter, Lehrer, Beamter, Fließbandarbeiter

Merkmale: ist loyal und geduldig, konzentriert sich auf seine Aufgaben, strebt nach Ordnung und Bewährtem, und mag klare Regelungen.

Der Stetige kann gut mit Routinearbeiten umgehen und hat sich oft auf bestimmte Aufgaben spezialisiert. Er betrachtet sein Umfeld als angenehm, ist jedoch eher zurückhaltend. Er ist ein guter Mitarbeiter, der Wert darauf legt, dass seine Leistungen anerkennt sind, und der ein wohl organisiertes Umfeld zu schätzen weiß. Stetige Menschen sind loyal und geduldig. An einmal akzeptierten Arbeitsabläufen halten sie gerne fest und entwickeln in der Regel ein spezielles Können. Menschen mit stetigem Verhaltensstil scheuen große Veränderungen. Sie bemühen sich, ein berechenbares Umfeld zu schaffen und sind meist geduldige Zuhörer. In einer stabilen und harmonischen Atmosphäre, die Sicherheit, klare Vereinbarungen und vorhersehbarer Abläufe beinhaltet, fühlen sie sich am wohlsten. Die Rolle des Teammitglieds liegt ihnen eher als die des Teamleiters. Personen mit hohem „S"-Anteil haben Mühe, sich selbst zu verkaufen, und vermeiden dies, so gut sie können. Im Allgemeinen zeigen sie nicht so viel Tatendrang und Energie wie Menschen mit dominantem oder initiativem Verhaltensstil. Starken Zuspruch und Anerkennung für geleistete Arbeit ist wichtig für sie. Sie bevorzugen es, spezielle Fertigkeiten zu entwickeln und Dinge dann in Ruhe abzuarbeiten. Menschen mit stetigem Verhaltensstil sind sympathisch, hilfsbereit, und beständig.

4. Gewissenhafte Persönlichkeiten

Beispiele: Programmierer, Entwickler, Künstler, Modellbauer

Merkmale: folgt gerne Anweisungen und Normen, konzentriert sich auf Details, strebt nach Perfektion, hinterfragt kritisch, analysiert und konzentriert sich auf Fakten.[3]

Der Gewissenhafte hält sein Umfeld eher für anstrengend und reagiert darauf mit Zurückhaltung. Die Einhaltung von Regeln und die Liebe zum Detail zeichnen ihn ebenso aus wie ein diplomatisches Verhalten. Seine Schwächen werden von anderen kompensiert, die zügig Entscheidungen fällen können und auch einmal Änderungen herbeiführen. Detailkenntnisse wird man bei ihm ebenso finden wie eine kontinuierliche Arbeitsweise und die Wertschätzung

---

3 Quelle: http://www.learning-by-working.ch/disg/disg_grundtypen.html; abgerufen am 27.3.2013

von Fehlerfreiheit. Der gewissenhafte Mensch sucht Qualität und Genauigkeit und will bewährte Verfahrensweisen beibehalten, solange die Qualitätskontrolle gesichert ist. Sicherheitsgarantien sind ihm wichtig. Er nimmt gerne einmal definierte Arbeitsabläufe an, wenn diese qualitativ hochwertige Ergebnisse gewährleisten. Menschen, bei denen der gewissenhafte Verhaltensstil besonders ausgeprägt ist, bevorzugen Ordnung, Disziplin und eine sachliche Atmosphäre, um Dinge in guter Qualität erledigen zu können. Sie bemühen sich, Dinge sorgfältig zu analysieren um dann hohe Standards zu erreichen. Dabei sind sie sich selbst und anderen gegenüber recht kritisch. Ihre Vorgehensweise ist systematisch, präzise und berücksichtigt alle wichtigen Details, in die sie sich allerdings oft zu verlieren drohen. Gewissenhafte sind eher diplomatisch und wägen Pro und Contra ab, bevor sie sich, wenn überhaupt - allenfalls indirekt - in einen Konflikt einlassen. Daher bevorzugen sie ein Umfeld, welches klar definierte Erwartungen hat und sind auch gerne bereit Anweisungen zu folgen, wenn ihnen diese sinnvoll erscheinen. Dabei können sie aber auch bei Nicht-Einsehen äußerst stur sein. Sie legen Wert darauf, dass ihre besonderen Fähigkeiten und Leistungen anerkannt werden. Der gewissenhafte Mensch ist detailorientiert, selbstdiszipliniert, analytisch, systematisch, genau, und reserviert.

DISG-Typen in der Verhandlung

Wenn Sie wissen, welcher DISG-Typ Sie sind und wenn Sie auch über Ihren Verhandlungspartner genügend Informationen haben, dass Sie ihn in eine der Kategorien einordnen können, sind Sie in der Lage, sich entsprechend vorzubereiten.

Wenn Sie selbst ein stetiger Mensch sind …

… und Ihr Verhandlungspartner ebenfalls stetig ist, dann sollten Sie sich in der Vorbereitung sehr gut über die Regeln Ihres Gegenübers informieren und während des Gesprächs auch Verständnis für die

Regeleinhaltung signalisieren und demonstrieren. Sie sollten sich auf das Spielfeld das anderen begeben und mit analysieren. Denken Sie daran, dass ein stetiger Mensch als Person angesprochen werden will und dass er ein hohes Sicherheitsbedürfnis hat. Deshalb sind für ihn eine Kopie der Allgemeinen Geschäftsbedingungen oder eine Vertraulichkeitsvereinbarung wichtig.

Bei dominanten Verhandlungspartnern sollten Sie zum Profiling greifen und gegebenenfalls immer wieder auf die Metaebene gehen. Um ihn mitzunehmen, ist es sinnvoll, die Rollen und Ziele zu thematisieren. Im Zweifelsfall müssen Sie auch Zeit für weitere Termine einplanen. Halten Sie nicht zu sehr an Regeln und Standards fest. Bewundern Sie ihn und seine Trophäen.

Ist Ihr Gegenüber initiativ, sollten Sie den Kontakt pflegen und sich Zeit für ein Warming Up nehmen. Wichtig ist ein wenig Small Talk, wo sie auch Fragen stellen, die nicht zum Thema der Verhandlung gehören. Ein initiativer Mensch wird eine Tasse Kaffee an einem runden Tisch zu schätzen wissen. Auf jeden Fall sollten Sie sich partnerschaftlich verhalten und Enttäuschungen für Ihren Verhandlungspartner möglichst vermeiden.
Halten Sie nicht zu sehr an Regeln fest.

Wenn Sie selbst ein gewissenhafter Mensch sind …

… Wenn Ihr Verhandlungspartner ebenfalls gewissenhaft ist, passt das gut zusammen, man könnte von einem Expertenmeeting sprechen. Allerdings sollten Sie darauf achten, das erwünschte Ziel und die Erreichung dieses Zieles nicht aus den Augen zu verlieren.

Es empfiehlt sich, Regeln für das Vorgehen festzulegen und ein Protokoll zu bestimmen. Dabei sollten Sie sich vorher eine Grenze festlegen, wie weit Sie gehen können.

Bei einem gewissenhaften Verhandlungspartner müssen Sie sich vor Augen führen, dass dieser leicht zum Chaos neigt. Deshalb sollten Sie sich besonders intensiv vorbereiten, ihm inhaltliche, fachliche Kriterien als »Futter« mitgeben sowie sensibel und vorsichtig mit ihm umgehen. Beachten Sie, dass gewissenhafte Menschen mehr Zeit für Entscheidungen brauchen als andere.

Treffen Sie auf einen stetigen Menschen, so sollten Sie auf eine Einhaltung der Agenda achten. Springen Sie nicht zu sehr in Ihren Gedanken. Reduzieren Sie die Fachsprache. Geben Sie Ihrem Gegenüber Gelegenheit Ihren Gedanken folgen zu können.

Ist Ihr Verhandlungspartner dominant, sollten Sie am besten zu zweit hingehen. Wichtig ist es, auch kleine Erfolge zu registrieren und zu bestätigen. Sie sollten dabei sowohl standhaft als auch offen bleiben.

Bei einem initiativen Gegenüber sollten Sie geduldig sein und nicht zu viel in Fachsprache abdriften, sondern am Menschen dranbleiben. Zeigen Sie ihm Ihre Wertschätzung, nicht nur mit Worten, sondern auch in der Art der Bewirtung. Vermeiden Sie zu viel Fachsprache.

Wenn Sie selbst ein dominanter Mensch sind …

… Bei einem ebenfalls dominanten Verhandlungspartner sollten Sie sich im Erfolgsinteresse zurückhalten, auch wenn scheinbar nur der zweite Preis vor Ort erzielt wird – gezählt wird zuhause. Versuchen Sie die eigenen Ziele möglichst intelligent mit den Zielen Ihres Gegenübers zu kombinieren.

Ist Ihr Verhandlungspartner gewissenhaft, kommt es vor allem darauf an, dass Sie gut vorbereitet sind. Bringen Sie Zahlenmaterial und Herleitungen mit. Sie müssen das Thema inhaltlich gut kennen und es analytisch herleiten und begründen. Wichtig ist auch, dass Sie die richtige Terminologie benutzen und intelligente Fragen stellen. Im Zweifel haben Sie einen eigenen G´ler dabei.

Bei einem stetigen Gegenüber müssen Sie vor allem auf den Weg zum Ziel achten. Mitbringen sollten Sie geordnete Unterlagen und außerdem etwas mehr Zeit als üblich. Bereiten Sie sich darauf vor, dass ihr Verhandlungspartner Entscheidungshilfen und besondere Erklärungen brauchen könnte.

Für einen initiativen Verhandlungspartner ist ein Gespräch auf persönlicher Ebene besonders wichtig. Im Zweifelsfall müssen Sie dies initiieren oder einen eigenen I´ler mitbringen. Wichtig ist es, zuzuhören und nachzufragen, auch wenn dies nicht unmittelbar zieldienlich ist.

Wenn Sie selbst ein initiativer Mensch sind …

… Bei einem Treffen mit einem ebenfalls initiativen Verhandlungspartner sind Small Talk, viel Austausch und Beziehungspflege sowie das Interesse an der Person und deren Wertschätzung angesagt. Wichtig ist aber, nicht zu vergessen, irgendwann auf das Ziel hinzusteuern.

Bei einem gewissenhaften Menschen sollten Sie hingegen den Small Talk vermeiden und auf gar keinen Fall persönlich werden. Denn es geht hier nur um das Geschäft. Allenfalls Fachthemen können Sie ansprechen, wozu Sie gegebenenfalls sich von jemand anderem fachlichen Rat holen können.

Wenn Ihr Gegenüber ein stetiger Mensch ist, sollten Sie den Raum und die Unterlagen gut vorbereiten. Wichtig ist, dass Sie pünktlich sind und Rituale und Regeln einhalten. Ihr Gegenüber legt Wert auf eine sympathische Atmosphäre, aber an erster Stelle steht für ihn die Sicherheit bezüglich der Prozedur, der Agenda, des Protokolls und der Klarstellung, wer was macht. Für Sie ist aktives Zuhören angesagt.

Für ein Gespräch mit einem dominanten Menschen müssen Sie eine klare Position und einen gewissen Spielraum haben. Sie sollten ihm Fragen stellen und dann auch Raum für seine Antworten lassen. Sichtbare Erfolge sollten Sie würdigen. Falls das Gespräch bei Ihrem Verhandlungspartner stattfindet, dürfen Sie nicht vergessen, sein Trophäen anzuschauen und zu kommentieren.

Fallbeispiel:

Einer meiner Kunden ist ein Geschäftsführer, der einen ausgeprägt stetigen Verhaltensstil hat. Er liebt Excel-Charts und würde am liebsten alle Informationen und Probleme in dieser Form erfassen. Ich selbst bin ein initiativer Mensch und hasse Excel-Charts. Aber natürlich weiß ich, dass ich mich auf meine Kunden einstellen muss und ihnen das Leben leichter machen soll.
Also bringe ich für diesen Geschäftsführer meine Ideen und Vorschläge in die Form einer Excel-Tabelle, die ich ihm mit einer kurzen, prägnanten E-Mail zuschicke. So haben wir kein Problem, uns schnell optimal und ergebnisorientiert zu verständigen.

Weitere Persönlichkeitsmodelle

Neben dem DISG-Modell gibt es noch zahlreiche weitere Persönlichkeitsmodelle wie das MBTI-Modell, das HBDI-Persönlichkeitsmodell oder die Biostruktur-Analyse.

Einkäufer und Verkäufer richtig verstehen

Besonders für die professionellen Leser dieses Buches ist es wichtig, sich im Rahmen der Vorbereitung deutlich vor Augen zu führen, wie sich Einkäufer und Verkäufer in der Regel in ihrer Denkweise unterscheiden.
Einkäufer interessiert vor allem das Ergebnis einer Verhandlung. Für sie stehen Zahlen, Daten und Fakten (ZDF) ganz klar im Vordergrund. Der Verkäufer möchte einen Auftrag zu möglichst guten Konditionen erhalten, gleichzeitig ist er daran interessiert, die Beziehung zum Einkäufer zu festigen, um auch zukünftig weiter gute Geschäfte mit diesem zu machen.

Als Verkäufer hat man eigentlich nur dann eine gute berufliche Karriere vor sich, wenn man menschenorientiert, extrovertiert und kontaktfreudig ist. Ansonsten landet man mit einer kaufmännischen

Ausbildung in der Buchhaltung, der Administration, der Planung oder eben im Einkauf.

Einkäufer werden in einer Verhandlung also von vornherein eher nach innen gekehrt, introvertiert sein und ein geringes Interesse am Small Talk zeigen. Für sie stehen sachliche Inhalte im Vordergrund und nicht so sehr emotionale Beziehungsaspekte.

Innerhalb eines Unternehmens sind Einkäufer oft isoliert und müssen sich als Einzelkämpfer durchschlagen. Verkäufer hingegen sind teamorientiert und pflegen nicht nur die Kommunikation untereinander, sondern auch mit vielen anderen Funktionsträgern innerhalb einer Firma.

Normalerweise sind Einkäufer für viele Produkte zuständig und haben es auch mit einer großen Zahl von Lieferanten zu tun. Sie sind also oft überlastet, und zwar nicht in dem Sinne, dass sie ihre Arbeit nicht schaffen können, sondern dass die Komplexität ihrer Tätigkeit ihnen nur wenig Gelegenheit gibt, im Einzelfall in die Tiefe zu gehen.

Der Verkäufer hingegen fokussiert sich in jeder Verhandlung auf seinen Kunden. Natürlich hat auch er viele und unterschiedliche Kunden zu betreuen, doch in dem Moment, in dem er dem Kunden gegenübersitzt, steht dieser für ihn allein im Mittelpunkt.

Ein Einkäufer will eigentlich nur eine möglichst passgenaue Lösung für ein aktuelles Problem, das nach der Verhandlung für ihn »vom Tisch« sein soll. Eine spezielle Beziehung zu den Produkten oder Dienstleistungen, die er einkauft, hat er in der Regel nicht, und sie besitzen auch keine Bedeutung für seine persönliche Identitätsbildung.
Ein Verkäufer bildet dagegen oft mit seiner Firma, seiner Marke und seinen Produkten eine Einheit. Sie sind Teil seiner beruflichen Identität, sie geben ihm sein Selbstbewusstsein, und er ist in der Regel davon überzeugt, dass seine Produkte denen der Wettbewerber zumindest in wichtigen Punkten überlegen sind.

Einkäufer sind nur selten wirklich ausreichend vorbereitet, weil sie ja überzeugt sind, dass es reicht, sich auf Zahlen, Daten und Fakten zu stützen. Ein Verkäufer ist hingegen meist sehr gut vorbereitet und bringt »eine ganze Werkzeugkiste« voller Argumente mit.

Im Bereich Einkauf herrscht meist eine hohe Arbeitsplatzfluktuation, da Arbeitsgebiete häufig in der Rotation verteilt und neu besetzt werden, entsprechend gering ist die Wissenstiefe. Verkäufer hingegen sind meist lange im Job, sei es innerhalb eines Unternehmens oder zumindest innerhalb einer Branche, und verfügen somit über ein profundes Wissen.

Einkäufer legen, zum Teil bewusst, wenig Wert auf Äußerlichkeiten, und viele sind davon überzeugt, dass Signale von Sparsamkeit, Schlichtheit und Korrektheit zu den wesentlichen Elementen ihrer Tätigkeit gehören. Der Erfolg eines Einkäufers wird an Begriffen wie günstig, Kostenreduzierung und Rabatt gemessen. Ganz anders ist es beim Verkäufer. Hier zählen Erfolg, Umsatz und Provision. Das schlägt sich auch in seinem Äußeren nieder. Statusorientierte Kleidung, Accessoires wie teure Uhren und ein großes Auto spielen für ihn eine ebenso große Rolle wie optimistische und oft sogar überschwängliche Gesten.

Während der Einkäufer am liebsten jedes Risiko vermeiden möchte, geht ein Verkäufer auch gern einmal »aufs Ganze« und riskiert damit durchaus, einen Rückschlag zu erleiden. Wichtig ist es für ihn aber auf jeden Fall, etwas probiert zu haben.

Übersicht: Wie tickt denn …

… ein Einkäufer	… ein Verkäufer
ergebnisorientiert	auftragsorientiert
ZDF im Vordergrund	beziehungsorientiert

eher sachlich, wenig emotional, introvertiert, wenig an Small Talk interessiert	gut gelaunt, optimistisch, und menschenorientiert, extrovertiert und kontaktfreudig
Einzelkämpfer	teamorientiert in der Firma
»überlastet«: viele Produkte und Lieferanten	»fokussiert«: Kunde steht im Mittelpunkt
will Lösung für sein Problem »mundgerecht«	sehr selbstbewusst, von sich, Firma und Produkt überzeugt
selten gut vorbereitet	meist sehr gut vorbereitet
hohe Fluktuation, wenig tiefes Wissen	lange im Job, profundes Wissen
legt wenig Wert auf Äußerlichkeiten	statusorientiert (Kleidung, Auto, Begrüßung ...)
risikoavers	risikofreudig

Verhalten lässt sich auch mit der Transaktionsanalyse erklären

Die Transaktionsanalyse stammt aus der Psychoanalyse und sollte ursprünglich die Entwicklung und Veränderung der Persönlichkeit fördern. Inzwischen dient sie aber auch zur Erklärung von Verhaltensweisen.

In der Transaktionsanalyse hat man das Verhalten der Menschen beobachtet und festgestellt, dass es verschiedene Gesetzmäßigkeiten gibt. Die Transaktionsanalyse geht von dem Modell aus, dass es drei Ich-Zustände gibt: ein Eltern-Ich, ein Erwachsenen-Ich und ein Kind-Ich.

Das Eltern-Ich wird unterteilt in zwei verschiedene Ich-Zustände, in ein kritisches Eltern-Ich (= KE) und ein fürsorgliches Eltern-Ich (= FE). Das kritische Eltern-Ich hat einen erhobenen Zeigefinger, es kritisiert, bestraft, befiehlt und wertet negativ. »Warum sind Sie zu spät gekommen?« Unterlegt mit der Körpersprache »erhobener Zeigefinger, vorwurfsvoller Blick« weiß jeder sofort, was gespielt wird.

Das fürsorgliche Eltern-Ich dagegen nimmt einen in den Arm, beruhigt, hilft, hat Geduld und motiviert. Die kritische Frage »Warum sind Sie zu spät gekommen?« äußert sich hier in Sorge: »Was ist denn passiert, warum sind Sie zu spät gekommen? Ich habe mir Sorgen gemacht.«

In der Mitte steht das absolut sachliche Erwachsenen-Ich (= EW). Null Emotion, reine Sachlichkeit. Das Erwachsenen-Ich fragt sachlich, konstruktiv. Es möchte Erklärungen haben, es ist einfach pure Sachlichkeit. Hier würde die Frage lauten: »Welche Erklärung gibt es für Ihr Zuspätkommen?« Der Bus hatte Verspätung. Akzeptiert. Damit ist die Sache erledigt, keinerlei Wertung.

Dann gibt es noch das Kind-Ich in seinen unterschiedlichen Verhaltensweisen, zum Beispiel das trotzige Kind (= TK). Das ist trotzig, impulsiv und rebellisch. Körpersprachlich geht es in die Richtung »Eher verreck ich, als dass ich mache, was ich soll, du kannst mich mal kreuzweise!« Das würde dann sagen: »Kann denn hier überhaupt jemand pünktlich kommen?« Es ist beleidigt und rundum unzufrieden.

Das angepasste Kind (= AK) reagiert unterwürfig, vorsichtig und bittend. »Danke, bitte, Entschuldigung« kommen von dem angepassten Kind. Diplomatie, im richtigen Moment vielleicht nicht sagen, was man denkt, und sich zurücknehmen, das sind Zeichen des angepassten Kindes.

Und zu guter Letzt das kreative Kind (= KK). Dieses ist begeisterungsfähig, hat leuchtende Augen, will spielen und ist mit Begeisterung unterwegs.

Soweit die verschiedenen Ich-Zustände. Welchen Berufen kann man diese nun zuordnen? Wer hat besonders viel kritisches Eltern-Ich? Lehrer zum Beispiel oder Polizisten. Und innerhalb eines Unternehmens? Der Chef, der sagt, wo es langgeht.

Ebenso ist zu fragen: Wer sollte ein fürsorgliches Eltern-Ich haben? Krankenschwestern, Ärzte und Pfarrer. Und innerhalb der Firma? Ein guter Chef, der sagt: »Das wird schon wieder, beim nächsten Mal packen Sie es!«

Und wer hat ein sachliches Erwachsenen-Ich? Controller, Buchhalter. Wer arbeitet im Unternehmen viel mit kritischem Eltern-Ich? Der Einkäufer zum Beispiel. »Ich habe es Ihnen schon drei Mal gesagt!« Da aber Einkäufer auch mit Zahlen-Daten-Fakten arbeiten, gehört auch das sachliche Erwachsenen-Ich dazu.

Wo findet sich dagegen das trotzige Kind? Es ist erwiesen, dass es keinen Sinn macht, in einem Beruf ein trotziges Kind auf der Mikroebene zu haben. Auf der Metaebene eingesetzt, ist es eine Taktik aus einer Strategie (Beispiel: good guy – bad guy).

Den Typ des angepassten Kindes findet man vor allem in Dienstleistungsberufen. Beispiel: Sie gehen zu Ihrem Lieblingsitaliener, bestellen sich einen Teller Spaghetti und werfen ihn aus Versehen runter. Würde der Kellner kommen und mit vorwurfsvollem Blick dastehen, um aus dem kritischen Eltern-Ich heraus zu mahnen: »Sie haben das runtergeworfen, Sie heben das auch wieder auf!«, hätte er vielleicht recht, aber Sie würden garantiert nie wieder in dieses Lokal gehen.

Was passiert wirklich? Er kommt an den Tisch: »Scusi, scusi!« und entschuldigt sich bei Ihnen aus der Rolle des angepassten Kindes heraus, obwohl ja eigentlich Sie den Teller runtergeworfen haben. Und Sie loben: »Toll, was für ein Service!« Sicher gehen Sie wieder in dieses Restaurant und empfehlen es weiter. Derselbe Italiener, der Ihnen hier zu Füßen liegt im angepassten Kind, steht morgens im Großmarkt in der Schlange und schimpft fürchterlich über die Idioten vor ihm, weil nichts vorangeht. Da zeigt sich das kritische Eltern-Ich, eine ganz andere Rolle. Aber als Dienstleister ist er aus der Metaebene heraus ein angepasstes Kind.

Und zu guter Letzt, wer braucht ein kreatives Kind? Entwickler, Werbeleute, Marketingleute und so weiter. Aber natürlich auch der Einkäufer, wenn er kreative Lösungen sucht.

Was glauben Sie, welcher der Ich-Zustände der beste für den Verkäufer ist? Zum Beispiel beim Thema Small Talk. Aus welchem Ich-Zustand hält ein Verkäufer idealerweise Small Talk? Als kreatives Kind. Wenn dieses dann auf ein anderes kreatives Kind trifft, dann entsteht Begeisterung, er erzählt mit leuchtenden Augen, daraus ergeben sich wunderbare Gespräche.

Ein Beispiel: Ich hatte einen Termin bei einer Firma in Karlsruhe. Die Einkaufsleiterin rief mich an und lud mich zu einem Gespräch ein. Ich wusste, dass ihr Mann gerade seinen vierzigsten Geburtstag gefeiert hatte. Dann haben wir uns die ersten anderthalb Stunden nur über diese Feier unterhalten. Es war ein Gespräch eines kreativen Kindes mit einem kreativen Kind, ein schöner, begeisternder Dialog, der Spaß gemacht hat.

Doch auf welchem Ich-Zustand befindet man sich bei dem Small Talk, den man üblicherweise erlebt? Meist steht auf beiden Seiten ein sachliches Erwachsenen-Ich – sterbenslangweilig. Ein guter Verkäufer arbeitet dagegen aus dem kreativen Kind. Verkaufen aus der Sachlichkeit ist nicht von Erfolg gekrönt, der Kopf versteht es zwar, aber das Herz ist nicht dabei. Eine an die Wand geworfene PowerPoint-Präsentation vorzulesen hat noch keinen begeistert.

NLP: Eigenes und fremdes Verhalten bewusst beeinflussen

Die Neurolinguistische Programmierung (NLP) kam ursprünglich aus der Psychotherapie und entwickelte sich zu einer Sammlung psychologischer Verfahren und Modelle zur Erklärung und Beeinflussung der zwischenmenschlichen Kommunikation. Durch diese

Verfahren und Modelle erhält man die Möglichkeit, sich selbst bewusster zu verhalten, gezielt Signale zu senden und empfangene Signale besser zu deuten.

Eines dieser Verfahren ist das Spiegeln. Man hat herausgefunden, dass Menschen, die sich spiegelbildlich verhalten, sich gut verstehen. Wenn zum Beispiel in einer Kneipe zwei Männer spiegelbildlich bei einem Bier sitzen, sieht man sofort, dass die beiden sich gut unterhalten. Oder wenn in einer Seminarpause zwei Menschen im Flur sitzen, die Beine übereinandergeschlagen und die Arme verschränkt, zeigen die Einzelgesten zwar Ablehnung, aber da sie spiegelbildlich sitzen, zeigt das Gesamtbild, dass sie sich sehr gut verstehen.

Wenn ich nun weiß, dass sich jemand wohl fühlt, wenn man ihn optisch spiegelt, kann ich mich natürlich bewusst entsprechend verhalten. Das bedeutet, wenn ich beispielsweise als Verkäufer ein Gespräch mit einem Kunden habe, dann setze ich mich ihm gegenüber an den Tisch. Ich beobachte sein Verhalten und spiegele ihn dann. Wenn er sich anders hinsetzt, dann folge ich ihm, und wenn sich seine Haltung verändert, folge ich ihm wiederum.

Ebenso folge ich ihm auch bei den Themen im Gespräch inhaltlich, das nennt man auch Matchen. Wenn ich das Gefühl habe, dass mein Gegenüber sich wohl fühlt im Gespräch, dann verändere ich mein Verhalten. Nun folgt er meiner Bewegung. Wenn er mir jetzt folgt, fühlt er sich wohl, und wir sind im Gleichklang. Man nennt das auch Schmetterlingstanz oder »Wir sind auf einer Wellenlänge«. Mein Gegenüber ist nun offen für mich. Und jetzt erst fange ich an, meine Inhalte zu vermitteln. Wir reden über dies und das, und wenn ich mich verändere, geht mein Gegenüber hinterher. Er folgt mir ein Stück weit, doch dann verschränkt er plötzlich die Arme. Was muss ich jetzt tun? Zurückrudern, bis dahin, wo ich ihn verloren habe, wieder einfangen, ein bisschen spiegeln und dann weitergehen mit etwas weniger Tempo.

Auch über die Sprache kann ich jemanden spiegeln, über die Geschwindigkeit, über die Stimmhöhe, aber auch über einen Dialekt.

Zwei Schwaben in Hamburg matchen sich perfekt, ebenso zwei Deutsche in Amerika. Das heißt, sobald es eine Ähnlichkeit gibt, matcht es, es passt gut zusammen. Das alte Sprichwort: »Gleich und gleich gesellt sich gern« bringt genau dies auf den Punkt. Daher finden wir auch Menschen, die ähnlich angezogen sind wie wir, sympathisch.

Man kann jemanden sprachlich auch auf der Inhaltsebene spiegeln, das heißt die gleiche Sprache sprechen, indem man das Sprachniveau anpasst. Beispielsweise spricht ein Vorstand eines Unternehmens in einer Vorstandssitzung Vorstandsdeutsch. Geht er aber in die Fabrik, spricht er mit den Arbeitern ein einfaches Deutsch, Arbeiterdeutsch. Anschließend auf der Vorstandsetage ist er wieder Vorstand.

Warum macht er das? Warum nimmt er diese Verwandlung vor? Um sich eben sprachlich dem Niveau seines Gegenübers anzupassen und so Informationen zu erhalten.

Auch von der Kleidung her führt er einige Veränderungen durch. Wenn er in die Fabrik geht, wird er zwar keinen Blaumann anziehen, aber er lockert wahrscheinlich die Krawatte, zieht sein Jackett aus und krempelt die Hemdsärmel hoch.

Wie setze ich NLP ein, wenn ich auf drei Personen treffe?

Nehmen wir einmal an, ich komme zum Kunden und möchte meine Trainings verkaufen. Der Einkaufsleiter der Firma hatte einen meiner Vorträge besucht und mich danach eingeladen, zu ihm zu kommen, um darüber zu sprechen, ob ich auch in seiner Firma ein Seminar abhalten könnte. Wenn ich in eine Firma komme, treffe ich üblicherweise den Einkaufsleiter, neben ihm sitzt seine rechte Hand, und dann ist noch der Verantwortliche für die Personalentwicklung dabei.

Der Einkaufsleiter Schulz ist 50 Jahre alt und seit 30 Jahren im Unternehmen, ein absoluter Praktiker. Sein Assistent Dr. Maier ist 30 Jahre alt und seit einem halben Jahr in der Firma. Frau Müller von der Personalentwicklung hat Sozialpädagogik studiert und ist für die Mitarbeiter-Weiterentwicklung zuständig, hierbei eben auch für Seminare.

Wenn ich in der Runde ankomme, stellt sich mir nun die Frage: Mit wem rede ich zuerst? Selbstverständlich mit dem Einkaufsleiter, und zwar aus zwei Gründen: Erstens ist er die Führungskraft unter den dreien, zweitens hat er mich schon gesehen, fand mich gut und hat mich deshalb eingeladen.

Ich fange mit ihm das Gespräch an. Während ich den drei Personen gegenübersitze, versuche ich zunächst den Einkaufsleiter körperlich zu spiegeln und rede auch inhaltlich zuerst einmal mit ihm: »Herr Schulz, ich erinnere mich noch an Zeiten, da haben wir ohne Computer gearbeitet, da haben wir noch die Preise mit roten und gelben Karten geführt …« Ich rede also mit ihm über die Praxis, weil er ein Mann der Praxis ist.

Anschließend komme ich zu Herrn Dr. Maier, seinem Assistenten. Dr. Maier mit seinen 30 Jahren hat schon promoviert, er versteht vieles. Wovon er jedoch gar nichts versteht, ist die Praxis. Das heißt, mit dem kann ich auf gar keinen Fall über die Praxis reden, mit dem muss ich über theoretische Modelle reden.

Ich sage: »Herr Dr. Maier, wenn man mit viel Wissen von der Universität hier in die Praxis eines Unternehmens kommt, da kann ich mir schon vorstellen, dass es ganz schön schwierig ist, weil die Leute Sie nicht wirklich verstehen.« Dann nickt er und sagt: »Ja, genauso ist es.« Endlich versteht ihn jemand.

Und zu guter Letzt komme ich zur Personalverantwortlichen. Pädagogik ist ihr Thema, deshalb sage ich: »Wir versuchen, von vorneherein für die Teilnehmer einen Spannungsbogen zu kreieren, wir haben ein sehr teilnehmerzentriertes Training, der Teilnehmer steht im Mittelpunkt allen Wirkens, das Ganze ist sehr interaktiv.« Daraufhin nickt sie und denkt: »Der spricht meine Sprache.«

Viele Verkäufer machen den Fehler, dass sie ihr Konzept nur dem Chef verkaufen wollen. Nach dem Gespräch nickt dieser und sagt:

»Das fand ich gut.« Doch die anderen Gesprächsteilnehmer sind skeptisch. Die Kunst beim Verkauf eines Produktes besteht darin, es in alle drei Richtungen zu verkaufen.

In unserem Beispiel verkaufe ich dem Chef mein Training als sehr praxisorientiert. Dr. Maier verkaufe ich das Training als hochaktuell, auf den neuesten Erkenntnissen basierend, und bringe ein paar Fachbegriffe aus der Theorie. Und im Gespräch mit der Personalverantwortlichen gehe ich überwiegend darauf ein, dass das Seminar methodisch-didaktisch so aufgebaut ist, dass wir zu Beginn die Teilnehmer dort abholen, wo sie stehen. Ich betone, dass der Teilnehmer eigentlich immer eine Orientierung hat, wo er gerade steht, sowohl sozial als auch inhaltlich, und er sich einfach wohl fühlt und Stück für Stück mitgeht, so dass wir den bestmöglichen Lernerfolg erzielen. Und zudem möchten wir mit dem Teilnehmer am Schluss eine Transferabsicherung erarbeiten – alles Begriffe aus der Pädagogik, aus der Seminarlehre, die für die Personalleiterin bekannt klingen.

Das mache ich ungefähr eine Stunde in alle drei Richtungen, spiegele dabei immer wieder alle drei Gesprächspartner körpersprachlich. Dadurch verkaufe ich also meine Inhalte in drei verschiedene Richtungen, einmal als praxisgerecht, einmal als Theorieanspruch und drittens als pädagogisch wertvoll.

Nach einer Stunde, wenn ich das Gefühl habe, das war das Gespräch, gehe ich Richtung Abschluss. Zur Absicherung frage ich erst einmal in die Runde, ob es noch Fragen gibt. »Herr Schulz, Herr Dr. Maier und Frau Müller, haben Sie noch Fragen?« Wenn ich es doppelt gecheckt habe, schreite ich voran in Richtung Abschluss. Abschluss bedeutet, dass ich sage: »Wir im Training arbeiten immer gern mit einem Feedback, und ich wäre jetzt sehr gespannt, von Ihnen noch ein Feedback zu bekommen.«

Als Erstes wende ich mich an den Einkaufsleiter: »Wären Sie bitte so freundlich, mir ein kurzes Feedback zu geben, wie haben Sie das Gespräch empfunden? Was hat Ihnen besonders gut gefallen?« Beachten Sie, ich frage ihn nicht danach, was er schlecht fand, ich frage ihn, was er gut fand. Dann erzählt er mir in seinen Worten, was er an mir und dem Gespräch gut fand.

Das Raffinierte dabei ist, dass die Worte selbst im Kopf entstehen, sie sind also eher vom Kopf her gesteuert, aber es entsteht gleichzeitig auch ein gutes Gefühl. Das Interessante dabei ist nun, dass ich nicht nur in seinem Kopf gespeichert werde, sondern auch im Bauch. Das heißt, wenn er zukünftig meinen Namen hört, hat er ein gutes Gefühl.

Nachdem ich vom Verkaufsleiter ein positives Feedback bekommen habe, frage ich nun anschließend seinen Assistenten Herrn Dr. Maier. Der wird sich logischerweise seinem Chef anschließen und ein positives Feedback geben. Und wenn ich am Schluss dann noch die Personalverantwortliche frage, wie sie es fand, dann sagt auch sie in der Regel »gut«. Denn erstens wird sie kaum Chancen haben, ihre Meinung durchzusetzen, wenn es zwei gegen einen steht. Und zweitens, wenn dem Einkauf, der ihr interner Kunde ist, das Gespräch gefallen hat, dann wird sie dem kaum widersprechen.

Wenn ich auf diese Weise mein Verkaufsgespräch abschließe, beträgt die Quote, dass ich den Auftrag bekomme, 98 Prozent.

Ziele definieren

Fallbeispiel:

Bei den meisten Automobilherstellern versuchte man vor einigen Jahren, mithilfe der japanischen Kaizen-Methoden die Arbeitsabläufe zu optimieren. Das sah dann folgendermaßen aus: Am Anfang einer Woche setzte sich ein Team von sieben oder acht Leuten zusammen, definierte ein Problem und steckte sich das Ziel, dieses bis zum Ende der Woche zu lösen.

Am Freitagnachmittag wurden dann die Ergebnisse präsentiert. Eines dieser Teams berichtete in den Präsentationen ganz stolz, dass es schon am Mittwoch sein Ziel erreicht hatte. Doch statt Lob ernteten die Team-

mitglieder von ihrem Chef nur Tadel. Ein Ziel zu definieren, das sich ohne Mühe erreichen lässt, stellt keine ernsthafte Aufgabe dar.

Grundsätzlich unterscheiden wir bei Verhandlungen immer zwischen Minimalzielen, die mit weniger Einsatz realistisch zu erreichen sind, und den ambitionierteren Maximalzielen. Um Letztere zu erreichen, muss man sich schon deutlich mehr ins Zeug legen, der Aufwand der Vorbereitung und der personelle Aufwand werden wahrscheinlich größer sein als zur Erreichung des Minimalziels; außerdem gehört vielleicht auch noch eine Portion Glück dazu.

Der größte Fehler bei Verhandlungen liegt darin, sich unrealistische, und das heißt in erster Linie, zu hohe Ziele zu setzen, denn diese können Verhandlungen zum Scheitern bringen, wenn man glaubt, sie unbedingt erreichen zu müssen.

Fallbeispiel:

Der Vorstand einer Firma im Automotive-Bereich wollte von einem Zulieferer, der fast eine monopolartige Stellung innehatte, Preisnachlässe in Höhe von 2 Prozent heraushandeln lassen. Da er der Überzeugung war, dass diese 2 Prozent vom Einkauf als Maximalziel angesehen werden würden und im Ergebnis nur 1 Prozent erreicht würden, gab er an die nächste Führungsebene die Forderung weiter, 3 Prozent zu erreichen.

Der Bereichsleiter für Einkauf und Logistik sah in 3 Prozent schon eine ziemliche Herausforderung, die nur schwer zu realisieren sein würde. Deshalb setzte er seinem Einkaufsleiter das Ziel von 4 Prozent. Um diese 4 Prozent mit viel Glück zu erreichen, gab der Einkaufsleiter schließlich an seinen Einkäufer die Forderung weiter, 6 Prozent herauszuhandeln.

Der kannte seinen Lieferanten und dessen Verhandlungstaktik ganz gut und ging von vornherein mit dem unrealistischen Ziel, 12 Prozent zu for-

dern, in die Verhandlung. 12 Prozent waren sein Maximalziel und 6 Prozent sein Minimalziel. Im Grunde genommen war beides unrealistisch, so dass man als externer Beobachter sagen kann, dass er eigentlich vollkommen ohne Zielvorgabe in die Verhandlung ging, sondern einfach nur auf gut Glück drauflosverhandelte.

Was der Einkäufer dann erreichte, war eine Preisminderung um 2,8 Prozent. Er glaubte, nichts von dem erreicht zu haben, was von ihm erwartet worden war, und das glaubten auch sein Chef und dessen Chef. Der Einzige, der zufrieden war, war der Vorstand, denn es waren 0,8 Prozentpunkte mehr herausgekommen, als er zu hoffen gewagt hatte – nur wussten das seine Mitarbeiter nicht und waren entsprechend frustriert.

Ein typischer Verkäufer von Industriegütern wird sich auf eine Verhandlung mit einem neuen Kunden so vorbereiten, dass er zunächst die eigenen Ziele festlegt. Dazu nutzt er nicht nur die Informationen aus dem eigenen Unternehmen, sondern berücksichtigt auch die Situation auf dem Gesamtmarkt, der von regional bis global reichen kann.

Der Verkäufer wird sowohl hinsichtlich Preis, Menge und Qualität Minimalziele definieren, die er unbedingt erreichen möchte, und Maximalziele, die er im Idealfall gerade noch für erreichbar hält. Außerdem wird er noch ein Worst-Case-Szenario entwerfen für den Fall, dass er sein Minimalziel nicht erreichen kann, Plan B also. Basierend auf diesen Vorgaben wird er dann seinen Strategiemix entwerfen.

In der nächsten Planungsphase wird er sich ebenfalls wieder basierend auf Zahlen, Daten und Fakten mit den möglichen Zielen des Kunden befassen. Welches könnte sein mögliches Minimalziel sein, welches ist sein Maximalziel, das er schon mit einem gewissen sportlichen Einsatz gerade eben noch erreichen kann? Und was ist für den Kunden ein mögliches Worst-Case-Szenario?

Auch bei diesen Überlegungen spielen Markt- und Kundenkenntnisse eine große Rolle. Der Kunde wird sich beim Einkauf von Zulieferprodukten am Volumen der eigenen Fertigung orientieren, er wird Erwartungen an Marktentwicklungen haben und vielleicht auch an sich verändernde Preise. Doch genau diese Überlegung kann zumindest bis zu einem gewissen Grad auch ein Verkäufer von Zulieferprodukten entwickeln.

Dann geht es darum, Annahmen über die mögliche Strategie des Kunden zu treffen. Besteht bei diesem ein dringender Bedarf, oder wird er ausweichen? Sucht er eine dauerhafte, neue Lieferantenbeziehung und wird er auf Partnerschaft setzen? Oder wird sich der Verkäufer in einem sehr engen Markt behaupten müssen und daher Druck standzuhalten haben?

All diese Fragen lassen sich zumindest bis zu einem gewissen Grad im Voraus klären. Hat man die beiden Positionen des Lieferanten und des Kunden vor Augen, lassen sich mit großer Wahrscheinlichkeit schon gewisse Interessenüberschneidungen erkennen. Und es wird auch möglich sein, unter Berücksichtigung der beiderseitigen Interessen einen Zielkorridor zwischen Minimum und Maximum zu definieren.

Die optimale Strategie finden

Im Gegensatz zu vielen anderen Lebenssituationen bilden bei Verhandlungen der Weg und das Ziel keine Einheit. Bei beruflichen Karrieren mag der Weg nach oben das eigentliche Ziel sein, ohne dass man genau weiß, wo man am Ende ankommt.

Motive bilden den Antrieb für ein ganz bestimmtes Verhalten, während das Ziel das Ergebnis darstellt, das durch den Weg, also Strategie und Taktik, erreicht werden sollte. Die Strategie ist dabei die Leitlinie für das Vorgehen in der Verhandlung. Erinnern Sie sich bitte an unseren Leitsatz »Strategie ist der Sieg der Einfälle in der Vorbereitung über die Zufälle in der Verhandlung«, während die Taktik die Umsetzung der Strategie in einzelne Maßnahmen darstellt.

Bei den Verhandlungsstrategien kennen wir fünf unterschiedliche Kategorien:

1. Druck,
2. Partnerschaft,
3. Ausweichen,
4. Nachgeben und den
5. Kompromiss.

Schauen wir uns die einzelnen Kategorien doch einmal genauer an:

1. Strategie: Druck

Da gibt es zunächst einmal den Zeitdruck. Entweder müssen die Verhandlungen bis zu einem bestimmten Zeitpunkt abgeschlossen oder zu einem bestimmten Ergebnis gekommen sein, weil einer der Verhandlungspartner dann den Verhandlungsort verlassen wird. Oder Lieferungen und Leistungen sind an einen bestimmten Termin gebunden, der wiederum die für die Verhandlung verbleibende Zeit bestimmt.

Ein solcher Zeitdruck ergibt sich manchmal von selbst, er lässt sich aber auch künstlich erzeugen. Allerdings bedarf er stets eines realistischen Hintergrundes, damit er vom Verhandlungspartner nicht durchschaut und ausgehebelt werden kann.

Eine andere Form von Druck besteht darin, den Verhandlungspartner in die Enge zu treiben. Das ist immer dann besonders leicht, wenn dieser unrichtige Angaben als Argumente angeführt hat, die als falsch zu entlarven sind. Argumentationen der Verkäufer bezüglich gestiegener Rohmaterialkosten können leicht durch das Gegenteil aussagende Schaubilder von unabhängigen Quellen widerlegt werden.

Auch der Hinweis auf Wettbewerber kann Druck erzeugen. Wenn es um den Kauf identischer Markenartikel geht, können günstige Angebote anderer Händler ein sehr wirksames Druckmittel sein.

Preisdruck entsteht immer dann, wenn es nicht nur viele andere Anbieter gibt, sondern auch bestimmte Waren und Güter im Überfluss vorhanden sind. Während Knappheit zu höheren Preisen führt, kann ein Überangebot, wie es uns das Beispiel der Milch zeigt, zu einem für viele ruinösen Preisdruck führen.

Die Umkehrung des Preisdrucks ist der Kostendruck, wenn die entsprechenden Güter knapp sind. Wer beim Juwelier über eine Uhr aus einer Manufaktur verhandeln möchte, deren Preis zwar im fünfstelligen Eurobereich liegt, die aber eine Lieferfrist von zwei Jahren hat, wird kaum zu spürbaren Ergebnissen kommen. Die Knappheit verfügbarer Güter erzeugt immer einen entsprechenden Kostendruck.

Eine ganz andere Form des Drucks ist die Androhung von Sanktionen. Ist einer der Verhandlungspartner in einer stärkeren Position oder wird von einem der Verhandlungspartner zumindest angenommen, dass dies auf den anderen zutrifft, können Drohungen zwar ein effizientes Verhandlungsinstrument sein, auch wenn sie unter moralischen Gesichtspunkten vielleicht nicht zu akzeptieren sind.

Ein Einkäufer kann einem Lieferanten damit drohen, überhaupt nicht mehr bei ihm zu kaufen, wenn er bei einer bestimmten Warengruppe kein Entgegenkommen zeigt, oder ein monopolistischer Hersteller kann auch damit drohen, den Kunden ganz von seiner Lieferliste zu streichen.

Eine dem Drohen sehr ähnliche Verhaltensweise, der jedoch jeglicher sachliche Hintergrund fehlt, ist aggressives Verhalten. Manche Verhandlungspartner versuchen ihr Gegenüber einzuschüchtern, indem sie tatsächlich oder nur gespielt wütend werden, was bis hin zu Tätlichkeiten führen kann.

Ein Autokäufer, der das Fahrzeug, das er nicht zum gewünschten Preis erhält, mit Fußtritten malträtiert, zeigt ein sehr extremes, aber anscheinend gar nicht einmal untypisches Verhalten für eine aggressive Verhandlungsführung.

Das Gleiche gilt für Verhandler, die mit der Faust auf den Tisch schlagen oder anfangen, ihr Gegenüber mit Gegenständen zu bewerfen. Solange es sich nur um zusammengeknülltes Papier, Radiergummis oder Heftklammern handelt, mag das zwar nicht mehr hinnehmbar, aber auszuhalten sein. Anders ist es jedoch, wenn ein Kristallaschenbecher geflogen kommt.

Eine weniger gefährliche Variante der aggressiven Strategie ist das »Lautwerden«. Herumzubrüllen und Beschimpfungen auszustoßen ist besonders bei telefonischen Verhandlungen eine beliebte Methode, weil das drohende Augenrollen, Zähnefletschen, Aufspringen und Herumfuchteln mit der Faust telefonisch kaum zu vermitteln ist.

Eine andere Variante der Druck erzeugenden Verhandlungsstrategien besteht in unfairem Verhalten. In den meisten Fällen äußert sie sich dadurch, dass einer der Verhandlungspartner auf Schwächen oder Mängel seines Gegenübers Bezug nimmt. Wenn dieser stottert, einen schlecht sitzenden Anzug trägt, Brillenträger ist oder sanierungsbedürftige Zähne hat, wird so etwas auf einmal zum Verhandlungsgegenstand erhoben. Ebenfalls kann auch die an der Mundart oder am schlechten Deutsch erkennbare Herkunft zum Thema gemacht werden.

Wer auf solche Mittel zurückgreift, versucht die Selbstsicherheit seines Gegenübers zu erschüttern, ihn angreifbar zu machen, was mit anderen Argumenten nicht möglich erscheint. Dadurch versucht man ihn dazu zu bringen, die Verhandlung durch Annahme der Konditionen seines Gegners zu beenden.

Im Prinzip ist unfaires Verhalten die Vorstufe zum Gesichtsverlust. Wer es zulässt, sein Gesicht zu verlieren, hat auch meist auch schon die Verhandlung verloren. Ein Gesichtsverlust tritt immer dann ein, wenn man bewusste Beleidigungen erlebt und entsprechend emotional reagiert.

Fallbeispiel:

Folgende Geschichte ist wirklich passiert: Wir befinden uns in einem großen Verhandlungsraum. An einem ebenso großen Tisch sitzen sich die Verhandlungsparteien in einiger Distanz gegenüber, auf der einen Seite der Geschäftsführer des Lieferanten mit seinem Vertriebsleiter, auf der anderen Seite zwei Einkäufer des Kunden.

Jetzt betritt der 65-jährige Einkaufsleiter – bekannt für seinen ruppigen Stil – etwas verspätet den Raum, klopft zur Begrüßung kurz auf die Tischplatte, richtet dann seinen Blick auf den Vertriebsleiter und fragt: »Was will denn das Arschloch hier?« Seinen beiden Einkäufern ist die Situation offensichtlich peinlich, und sie rutschen auf ihren Stühlen hin und her. Der Geschäftsführer auf der Lieferantenseite wird kreideweiß, während der Kopf des Vertriebsleiters tiefrot anschwillt. Doch beide sagen nichts.

In meinen Seminaren frage ich jetzt: »Was glauben Sie, welche Partei die Verhandlung gewonnen hat?« Natürlich der Einkauf. Und wie lange hat die Verhandlung gedauert? Exakt eine Sekunde. Und wie hätte man die Situation retten können?

Hier sind sich eigentlich immer alle Seminarteilnehmer einig, dass man so nicht miteinander umgehen kann. Der Einzige, der die Situation hätte retten können, wäre der Geschäftsführer des Lieferanten gewesen. Er hätte zum Beispiel aufstehen können und sagen: »Danke, das war es, auf Wiedersehen.« Dann hätten er und sein Vertriebsleiter zwar ihr Gesicht gewahrt, sie hätten jedoch einen Kunden verloren.

Die zweite Möglichkeit hätte darin bestanden zu sagen: »Sie kennen sich offensichtlich noch nicht. Darf ich vorstellen, das ist Herr Meier, unser Vertriebsleiter, und er ist für die Kalkulation zuständig.« Er hätte auch noch eine Spur aggressiver reagieren können und sagen: »Das Arschloch ist bei uns für die Kalkulation zuständig.« Und der beleidigte Herr Meier hätte dazu genickt. Wow! Was für eine kontrollierte Reaktion wäre das gewesen!

Damit hätte er gezeigt, dass solche Beleidigungen von ihnen abprallen beziehungsweise dass sie nicht bereit sind, sich durch Beleidigungen provozieren zu lassen. Wahrscheinlich wäre die Verhandlung jetzt ziemlich normal weitergegangen. Aber dadurch, dass sowohl der Geschäftsführer als auch der Vertriebsleiter nur schwiegen, haben sie das Heft aus der Hand gegeben.

Man kann dem Geschäftsführer den Vorwurf machen, dass er sich auf dieses Gespräch nicht richtig vorbereitet hatte, denn der Einkaufsleiter war in der Branche berüchtigt für sein stilloses Verhalten und seine aggressive Verhandlungsweise. Man kann sich natürlich auch fragen, ob es sich tatsächlich nur um schlechten Stil handelte oder um die Strategie Druck mit unfairem Verhalten.

Es gibt immer wieder Verhandlungssituationen, in denen eine Partei versucht, die andere durch unfaire Bemerkungen aus der Fassung zu bringen, zum Beispiel indem jemand auf den sächsischen Dialekt des anderen anspielt. »Sie kommen wohl aus der früheren Dädäär?« Hier wird der Beteiligte nicht direkt beschimpft, sondern seine Herkunft aus der früheren DDR. Oder eine weibliche Mitarbeiterin wird gefragt: »Können Sie als Frau überhaupt solchen schwierigen technischen Gesprächen folgen?« Oder aber: »Entschuldigen Sie, dass wir jetzt über Dinge reden müssen, die es zu Ihrer Zeit noch gar nicht gab.« Hier wird das Alter des Gesprächspartners als Hebel für Unfairness genutzt. »Ich weiß ja, dass Sie sich Mühe geben, dem Gespräch zu folgen.« In letzterem Fall geht es um die Unterstellung von Inkompetenz.

All diese Beispiele habe ich mit Klienten in einem Seminar über Ethik im Einkauf diskutiert. Es waren 18 Teilnehmer in der Runde, und es war erstaunlich, welch unterschiedliche Grenzen diese Verhandlungsprofis gezogen haben. Sechs waren der festen Überzeugung, dass solch unfaires Verhalten nicht akzeptabel sei. Sechs weitere waren ziemlich unschlüssig, und von den letzten sechs fragte einer, wie viel man denn durch solches Verhalten einsparen könnte.

Heiligt der Zweck nicht die Mittel? Ist es nicht wichtiger, dass ich eine Verhandlung gewinne, und nicht, wie ich sie gewinne? Tatsächlich sind die meisten Verhandlungsprofis bereit, auch zu unfairen Mitteln zu greifen, vor allem dann, wenn ihnen keine anderen

Instrumente mehr zur Verfügung stehen, weil sie sich selbst unter Druck gesetzt fühlen. Doch das ist alles eine Frage der Vorbereitung.

In unserem Arschloch-Beispiel hätte sich der Geschäftsführer des Lieferanten besser vorbereiten müssen, indem er einerseits den schlechten Stil seines Verhandlungspartners mit ins Kalkül zieht und andererseits sich Informationen darüber verschafft, aus welcher Position heraus dieser überhaupt in die Verhandlung geht.

Merksatz:

Schlechter Stil ist meist kein Zeichen von Stärke, sondern eher von Schwäche. Wenn man das einplant, wird man auch nicht durch Rüpeleien überrascht sein und sie wohl präpariert kontern können. Schlechter Stil aus der Metaebene ist eine Taktik aus der Strategie Druck.

Übersicht: Elemente der Strategie Druck

- Zeitdruck
- in die Enge treiben
- Hinweis auf Wettbewerber
- Preisdruck
- Kostendruck
- drohen mit Sanktionen
- aggressives Verhalten
- laut werden
- unfaires Verhalten
- Gesichtsverlust

2. Strategie: Partnerschaft

Die dem Druck genau entgegengesetzte Vorgehensweise liegt in der Partnerschaftsstrategie. Eine partnerschaftliche Strategie beginnt in der Herstellung eines positiven Klimas. Das bedeutet, dass man den Verhandlungspartner wirklich als Partner betrachtet und behandelt und ihm Wertschätzung, Achtung und Respekt entgegenbringt.

Ein positives Klima schlägt sich in erster Linie in vielen kleinen Details und Äußerlichkeiten nieder, die von der Art des Empfangs bis hin zu den Örtlichkeiten der Verhandlungen reichen. Es hat allerdings weder etwas mit den Verhandlungspositionen noch mit den Zielen zu tun, sondern ist nur ein eleganter und angenehmer Weg dahin. Das trifft auch auf die Sympathie zu, die in erster Linie darauf beruht, sein Gegenüber nicht nur als Funktionsträger, sondern eben auch als Mensch zu sehen.

Um Sympathie aufzubauen, ist es am leichtesten, Gemeinsamkeiten zu entdecken. Hierzu dient sowohl eine gute Vorbereitung als auch der Small Talk, der keineswegs ein belangloser Austausch von Allgemeinplätzen bleiben sollte, sondern im günstigsten Fall ein emotionales Fundament für die nachfolgenden Verhandlungen.

Dies gilt auch für die Taktik Fairness. Fairness bedeutet nicht Verzicht und Gleichmacherei, sondern den respektvollen Umgang mit Unterschieden.

Damit wird die Grundlage für die Zusammenarbeit gelegt. Zusammenarbeit bedeutet nämlich kein Kollaborieren, sondern ergebnisorientiertes Handeln. Dies kann vielleicht sogar in kooperatives Verhalten münden. Kooperieren bei Verhandlungen bedeutet, sich gegenseitig weiterzuhelfen.

Ein wichtiges Element für kooperatives Verhalten ist die Zukunftsorientierung. Je stärker eine Verhandlung von allen Partnern durch Aspekte der Zukunft getragen wird, desto leichter fällt es, gegenwärtige Hindernisse zu überwinden.

Dies führt dann zu einem Geben und Bekommen. Ich sage hier ausdrücklich nicht Nehmen, weil Nehmen sehr oft als Wegnehmen verstanden wird und nicht als Empfangen. Wenn ich etwas gebe und dafür auf freiwilliger Basis oder aufgrund von Einsicht von einem anderen etwas bekomme, hat das eine ganz andere Qualität als nur zu nehmen, wobei allerdings in Verhandlungen der Grundsatz »Geben ist seliger als Nehmen« eher als nachrangig zu betrachten ist.

Im Grunde genommen zielt jede partnerschaftliche Verhandlungsstrategie auf das Herstellen einer Win-win-Situation. Wenn für alle Beteiligten die Vorteile, die sich aus einer Verhandlung ergeben, größer sind als die hinzunehmenden Nachteile, wird die Zufriedenheit auch bei demjenigen groß sein, der sich sonst nur als hundertprozentiger Gewinner sehen möchte.

Übersicht: Elemente der Strategie Partnerschaft

- positives Klima schaffen
- Sympathie erzeugen
- Gemeinsamkeiten herausarbeiten
- Fairness
- Zusammenarbeit
- kooperativ vorgehen
- Zukunftsorientierung
- geben und bekommen
- Win-win-Situation schaffen

3. Strategie: Ausweichen

Von ganz anderer Qualität als Druck oder Partnerschaft ist die Strategie des Ausweichens. Ausweichen bedeutet, eine Verhandlung dadurch zu führen, dass man sie nicht führt. Diese Strategie kann bereits im Vorfeld einer Verhandlung eingesetzt werden, indem man einfach keinen passenden Termin findet, also keine Zeit hat, indem Urlaub oder Krankheit das Zustandekommen einer Verhandlung verhindern.

Auch innerhalb einer Verhandlung kann das Ausweichen eine angemessene Strategie sein, auf die man sich bereits im Vorfeld einstellt, wenn man zum Beispiel weiß, dass der Verhandlungspartner Druck ausüben wird. Rücksprachen mit dem Team oder dem Chef können ebenso legitime Gründe für das Ausweichen sein wie das Ermitteln von Details im eigenen Hause, EDV-bezogene Probleme oder eine bevorstehende Budgetplanung.

Wer ausweicht, möchte oder kann sich nicht festlegen. In vielen Fällen wird das Ausweichen als Notmaßnahme gewählt, wenn sich andere vorher geplante Strategien als nicht wirksam erweisen. Routinierte Verhandlungsstrategen werden allerdings von vornherein Ausweichmanöver als strategische Optionen in Betracht ziehen.

Übersicht: Elemente der Strategie Ausweichen

- keine Zeit haben
- Urlaub
- Krankheit
- nicht festlegen
- Rücksprache mit dem Team
- Rücksprache mit dem Chef
- Details erfragen
- EDV-Probleme
- Budgetplanung

4. Strategie: Nachgeben

Ähnlich wie das Ausweichen gilt vielen Menschen auch das Nachgeben in einer Verhandlung nur als Notlösung. Doch auch hier gilt, Nachgeben kann von vornherein strategisch geplant werden. Man ist dann bereit, bestimmte Bedingungen zu akzeptieren oder Forderungen zu erfüllen. Allerdings sollte man darauf achten, dass dies nicht im Zusammenhang mit einem Gesichtsverlust erfolgt.

Gute Gründe für das Nachgeben in bestimmten Situationen können hierarchische Unterschiede zwischen den verschiedenen Verhandlungspartnern sein, aber auch Lösungen, die auf einer Metaebene außerhalb des eigentlichen Verhandlungsgegenstandes, also zum Beispiel durch Gegengeschäfte, erfolgen.

Übersicht: Elemente der Strategie Nachgeben

- Bedingungen akzeptieren
- Forderungen erfüllen

5. Strategie: Kompromiss

Die häufigste Strategie, die sowohl in der Kombination mit Druck als auch mit Partnerschaft angewendet wird, ist das Erreichen eines Kompromisses. Viele sehen in einem Kompromiss weniger eine Strategie als ein Verhandlungsziel. Tatsächlich enthält der Kompromiss etwas von beidem. Er kann eine strategische Leitlinie sein, aber auch auf der realistischen Einschätzung der erreichbaren Ziele beruhen.

So formulieren Sie Ihre Strategie und bestimmen Ihre Taktik

Fallbeispiel:

Ich habe einmal einen Gesellschafter einer GmbH bei Verhandlungen über die Auflösung dieser Gesellschaft gecoacht. Dabei sind wir so weit gegangen, dass wir uns in die Situation der Gegenseite versetzten und durchgespielt haben, wie diese wahrscheinlich reagieren wird und wie wir wiederum darauf reagieren können. Es ging dabei sowohl um emotionale als auch um rationale Aspekte.

Dadurch kamen wir zu einer ganzen Reihe von möglichen Szenarien und Gegenszenarien, die mein Klient während der Verhandlung parat hatte. Die Verhandlungssituation, in der er sich dann befand, war ihm also schon vertraut, und er brauchte nur noch auf die vorhergesehenen Situationen zu reagieren, ohne sich etwas Neues einfallen lassen zu müssen. Es war für ihn ein Sieg auf ganzer Linie.

In den meisten Fällen wird ein Verhandlungsführer sich weder für eine einzige Strategiekategorie entscheiden noch für ein einziges Strategieinstrument. In der Regel wird man versuchen, den Ablauf der Verhandlungen vorherzusehen, und sich nach der Wenn-dann-Methode die entsprechenden Instrumente zurechtlegen.

Um den für den jeweiligen Einzelfall richtigen Strategiemix zu finden, sollten Sie sich folgende Fragen beantworten:

1. Wie wichtig ist mir diese Vereinbarung?
2. Wie ist die Macht verteilt?
3. Welche gemeinsamen Interessen gibt es?
4. Wie ist die persönliche Beziehung?
5. Wie soll die Beziehung nach der Verhandlung sein?
6. Wie wird die Verhandlung von außen gesehen?

7. Welche Strategie passt zu mir?
8. Welche Strategie wird der Verhandlungspartner wählen?
9. Wie soll ich auf die zu erwartende Verhandlungsstrategie meines Gegenübers reagieren?

1. Wie wichtig ist mir diese Vereinbarung?

Viele meiner Kursteilnehmer antworten auf diese Frage, jede Vereinbarung ist wichtig. Bei einer unwichtigen Vereinbarung wäre die Verhandlung ja Zeitverschwendung. Im Prinzip haben sie zwar recht, aber dennoch gibt es viele feine Nuancen, die man vor Verhandlungsbeginn bedenken sollte.

Für einen Verkäufer, der einen neuen Kunden gewinnen möchte, kann es extrem wichtig sein, mit einem zunächst einmal unbedeutenden Produkt, mit einer kleinen Menge oder einem extrem günstigen Preis überhaupt mit einem Einkäufer ins Geschäft zu kommen. Die Vereinbarung selbst ist nicht wichtig, jedoch ihr Zukunftspotenzial.

Wer etwas Exklusives kaufen möchte, zum Beispiel ein ganz bestimmtes Grundstück in einer ganz bestimmten Lage, und das zu fast jedem Preis, für den wird die Vereinbarung sehr wichtig sein, weil er sonst nicht an das Ziel seiner Träume gelangen kann.

Wer die Angebote von drei Handwerksbetrieben einholt, um das Dach seiner Garage sanieren zu lassen, wird wahrscheinlich, wenn er mit dem einen Handwerker nicht klarkommt, auf den zweiten oder dritten zurückgreifen. Hier ist das Zustandekommen einer ganz bestimmten Vereinbarung mit einem bestimmten Partner nur von nachgeordnetem Gewicht.

Ihre subjektive Sichtweise und Ihre Zukunftserwartungen spielen also bei der Beantwortung dieser Frage eine große Rolle.

2. Wie ist die Macht verteilt?

Diese Frage ist deshalb so wichtig, weil sich viele Menschen ziemlich große Illusionen über die eigene Position und die für den Verhandlungspartner bestehenden Alternativen machen. Hier geht es hauptsächlich darum, den eigenen Stellenwert für den anderen zu erkennen und daraus die entsprechenden Beschlüsse für die eigene Strategie zu ziehen.

In der falschen Situation zu drohen kann blitzschnell in einem Ende der Verhandlung und dem Rauswurf enden. Wer sich mit der Lieferung seiner Leistungen nicht festlegen will, weil über andere Aufträge noch keine Entscheidungen getroffen worden sind, wird bei einem Verhandlungspartner, der konkrete Terminvorstellungen hat, nur auf ein geringes Verständnis stoßen können. Und wer kooperativ sein möchte, obgleich der Verhandlungspartner sich selbst überschätzt, wird auch kaum zu befriedigenden Ergebnissen kommen.

3. Welche gemeinsamen Interessen gibt es?

Erstaunlicherweise haben die meisten Verhandelnden nur die eigenen Interessen vor Augen und nicht die, die eine verbindende Funktion darstellen können.

Wer seinen Garten neu gestalten oder sein Restaurant renovieren lässt, denkt wahrscheinlich hauptsächlich an sich selbst und an seine Gäste. Dass derjenige, der den Auftrag ausführt, auch eine Arbeitsprobe seiner Leistungen abliefert und somit praktisch seine Visitenkarte abgibt, wird oft übersehen. Dabei kann es für den Auftraggeber durchaus von Vorteil sein, dem Auftragnehmer das Recht einzuräumen, andere potenzielle Kunden auf das Referenzobjekt hinweisen zu dürfen. Vielleicht werden kostengünstig ein paar seltene und teure Pflanzen gesetzt oder im Restaurant wertvollere Materialien zu niedrigeren Preisen verarbeitet.

Es ist also wichtig, schon im Voraus über gemeinsame Interessen nachzudenken, um den Kuchen, den man in der Verhandlung aufteilt, ein wenig größer zu machen.

4. Wie ist die persönliche Beziehung?

Persönliche Beziehungen beeinflussen den Ablauf einer Verhandlung meist wesentlich stärker, als von den Beteiligten wahrgenommen wird. Oft spielen unausgesprochene Erwartungen hinsichtlich eines großen Entgegenkommens eine versteckte Rolle, die dann zu Enttäuschungen führen. Sind diese Erwartungen möglicherweise sogar auf beiden Seiten vorhanden, kann dies entweder dazu führen, dass beide Seiten in extremer Weise nachgeben und sich hinterher als Verlierer fühlen oder dass beide vom geschäftsmäßigen Verhalten des anderen enttäuscht sind.

Andererseits sind sehr gute Beziehungen belastbare »Brücken« innerhalb einer Verhandlung, da nicht gleich das komplette Verhältnis infrage gestellt wird.

5. Wie soll die Beziehung nach der Verhandlung sein?

Viele private Auftraggeber und Käufer glauben, dass sie ihren Vertragspartner nach Erfüllung der vereinbarten Leistungen niemals wiedersehen werden. Diese Haltung ist zum Glück bei professionellen Einkäufern und Verkäufern weniger stark ausgeprägt, weil sie als Serieneinkäufer beispielsweise schon morgen wieder im Tagesgeschäft mit dem Verkäufer stehen oder weil sie wissen, dass sie sich innerhalb einer bestimmten Branche später in vielleicht anderen Konstellationen noch einmal wiedertreffen werden.

Profis legen also in der Regel durchaus Wert darauf, auch über die eigentliche Verhandlung hinaus eine gute Beziehung beizubehalten.

6. Wie wird die Verhandlung von außen gesehen?

Viele Verhandlungen finden zwar hinter verschlossenen Türen statt, manchmal wird sogar eine Vertraulichkeitsvereinbarung getroffen, aber gerade in Unternehmen besitzen die Vorgesetzten oft einen sehr scharfen Blick dafür, wie sich die Mitarbeiter in Verhandlungen verhalten. Und wenn sich die Chefs dann auf Verbandsebene oder vielleicht sogar im privaten Bereich wiedertreffen, kann ein unverhältnismäßiges Verhalten eines Mitarbeiters in einer Verhandlung für erheblich mehr Probleme sorgen, als das vielleicht von ihm erzielte Ergebnis an Vorteilen bringt.

Das Gleiche gilt für Verhandlungen, die auf Empfehlung Dritter zustande gekommen sind. Dieser Dritte nimmt wahrscheinlich an den Verhandlungen gar nicht teil, ist aber dennoch involviert und wird ebenfalls bestimmte Erwartungen an die Partner hegen, die er zusammengebracht hat.

Ebenfalls kann großer Druck durch Dritte entstehen, wenn man in deren Auftrag verhandelt. Gewerkschaftsvertreter kennen dies zur Genüge.

7. Welche Strategie passt zu mir?

Jeder hat ganz bestimmte Vorstellungen davon, wie er ist, welchen Selbstwert er besitzt und wie er auf andere wirkt. Wenn sich dieses Selbstbild im Laufe der Praxis als realistisch erwiesen hat – umso besser. Derjenige wird kaum versuchen, in eine andere Rolle zu schlüpfen als die, die zu ihm passt.

Oft genug wird aber von Vorgesetzten, Geschäftspartnern oder auch der eigenen Ehefrau an den Verhandelnden die Forderung gestellt, einmal härter zu sein und mehr Druck zu machen oder den anderen in die Enge zu treiben. Wer das selbst für unpassend oder gar falsch hält, wird mit einem solchen Auftritt nur sehr selten erfolgreich sein, weil solche aufgesetzten Verhaltensschemata entweder unglücklich rüberkommen oder schnell entlarvt und gekontert werden.

Von großem Vorteil ist es daher beim Verhandeln, wenn man Talent zum Schauspielern hat und somit leicht in andere Rollen schlüpfen kann.

8. Welche Strategie wird der Verhandlungspartner wählen?

Um diese Frage beantworten zu können, muss man sich möglichst genaue Vorabinformationen beschaffen. Sich auf seine eigene Spontaneität und auf sein eigenes Improvisationsvermögen zu verlassen ist stets die schlechteste Wahl.

9. Wie soll ich auf die zu erwartende Verhandlungsstrategie meines Gegenübers reagieren?

Wenn wir uns schon im Vorhinein Gedanken gemacht haben, welche zwei oder maximal drei Verhandlungsstrategien der andere einschlagen wird, können wir uns entsprechende Konterstrategien zurechtlegen.

Eine der klassischen und auch in neurowissenschaftlichen Experimenten erforschten Methoden besteht darin, Gleiches mit Gleichem zu vergelten. Ist der andere kooperativ, sind wir es auch. Ist der andere unfair, verhalten wir uns ebenfalls unfair, jedenfalls so lange, bis er diese Strategie aufgibt und wieder zu einer fairen Verhaltensweise zurückkehrt.

Im Zweifelsfall erweist es sich immer wieder als wichtig, den Schritt von der Mikroebene auf die Metaebene zu machen. Wenn es gelingt, gemeinsam nicht mehr über die Inhalte, sondern über die Form zu sprechen, kann man auch für inhaltliche Themen neue Perspektiven entwickeln.

Sie sehen, dass bei der Auswahl des Strategiemix hauptsächlich Beziehungsaspekte eine Rolle spielen und die Inhaltsaspekte weitgehend in den Hintergrund getreten sind. Auch wenn viele Leute glauben, es gehe bei Verhandlungen immer nur um die Sache, stimmt das nicht. In den meisten Fällen ist die Form ebenso wichtig wie die Fakten.

Frage an Professor Neuro: Wie entstehen im Kopf Verhandlungsstrategien?

Der präfrontale Cortex bildet den Kern des Entscheidungssystems. Er ist Teil des Frontallappens der Großhirnrinde, der beim Menschen etwa die Hälfte des Hirns in Anspruch nimmt. Beim präfrontalen Cortex laufen alle wichtigen Informationen zusammen. Hier werden nicht nur die verarbeiteten sensorischen Signale empfangen, sondern es wird auch über den individuellen emotionalen Zustand informiert und dies alles mit den Gedächtnisinhalten integriert, natürlich unter Berücksichtigung der Informationen aus dem Belohnungssystem.

Der präfrontale Cortex ist also das oberste Kontrollzentrum für Entscheidungen und für eine der Situation angemessene Handlungssteuerung. Außerdem reguliert er emotionale Prozesse. Hier werden Strategien entwickelt, und hier findet auch die Langzeitplanung statt.

Dass der präfrontale Cortex außerdem noch für die Beachtung sozialer Normen zuständig ist, wissen wir durch das Verhalten von Menschen, bei denen er zum Beispiel durch einen Unfall zerstört wurde. Schäden in diesem Bereich führen zu Persönlichkeitsveränderungen, ohne dass wesentliche Intelligenzdefizite auftreten.

Das Entscheidungssystem hat zwar in gewissem Sinne die Endkontrolle darüber inne, wie wir uns verhalten, wie wir handeln, was wir sagen und was wir beabsichtigen. Doch ohne die drei anderen Systeme wäre es praktisch hilflos. Es wüsste nicht, was es wollen sollte, es wüsste nicht, warum es etwas wollen sollte, und es wüsste auch nicht, wie es seine Ziele erreichen könnte. Deshalb ist das Zusammenspiel aller vier Systeme von so großer Bedeutung.

Merksatz:

Ohne das Belohnungssystem, das emotionale System und das Gedächtnissystem wäre das Entscheidungssystem hilflos.

Häufig besteht die Funktion des Entscheidungssystems hauptsächlich darin, dafür zu sorgen, dass die bestehenden Wünsche auch umgesetzt werden können. Bei der Kommunikation mit anderen Menschen besteht zum Beispiel seine Aufgabe darin, das, was der eine Mensch möchte, dem anderen mit Argumenten schmackhaft zu machen und die richtigen Begründungen für diese Wünsche zu finden. Es existieren also zuerst noch nicht die Gründe für unser Wollen, sondern diese werden erst später dazuaddiert, um unsere Intentionen zu untermauern.

Wenn man auf eine kurzfristige Belohnung zugunsten einer langfristigen verzichtet – etwas, das das Belohnungssystem gar nicht gern tut –, dann war das Entscheidungssystem im Spiel.

Es gibt zahlreiche neuroökonomische Experimente, in denen die Teilnehmer vor die Wahl gestellt werden, entweder eine kleine Belohnung sofort oder eine große Belohnung später zu erhalten. Obgleich sich die Teilnehmer in Diskussionen immer für die langfristige Variante entscheiden, wählen sie im Experiment selbst mehrheitlich die kurzfristige. Hier ist das Belohnungssystem eindeutig stärker als die Vernunft.

Um strategisch denken zu können, Konzepte und Visionen zu entwickeln, brauchen wir das Entscheidungssystem. Dieses ist in der Lage, aus den Inhalten des Gedächtnisses Neues zu entwickeln. Neue Strategien brauchen neue Entscheidungen. Das Entscheidungssystem lenkt auch unsere Aufmerksamkeit und sorgt dafür, dass wir uns konzentrieren können und nicht abgelenkt werden.

Es gibt eine ganze Reihe von Entscheidungen, die wir nicht nur aufgrund von Erfahrungen und Gefühlen lösen können. Das Belohnungssystem ist dabei eine gewisse Hilfe, weil es uns ansporn, nach neuen Wegen zu suchen, und uns für eine erfolgreiche Lösung eine innere Belohnung in Aussicht stellt.

Merksatz:

Das Entscheidungssystem ist notwendig, um strategisch denken zu können.

Allerdings macht das Entscheidungssystem nicht immer alles richtig. Im Zusammenspiel mit dem Belohnungssystem kann es durchaus dazu kommen, dass bestimmte Entscheidungen vorschnell getroffen werden und dadurch Fehler entstehen. Das liegt unter anderem daran, dass das Gehirn nicht in der Lage ist, viele Eindrücke und Informationen gleichzeitig zu verarbeiten und allen genügend Aufmerksamkeit zuzuwenden.

Deshalb kommt im Zusammenhang mit dem Entscheidungssystem auch wieder die Frage des Alters ins Spiel. Weil ein älterer Mensch in seinem Leben mehr erlebt hat, wird sein Gehirn nicht so schnell von Angst- und Panikgefühlen überschwemmt. Wer eine bestimmte Situation schon häufiger erlebt und bewältigt hat, wird beim nächsten Mal mit einer ähnlichen auch umgehen können.

Fehlt aber diese Erfahrung, besteht die Gefahr, dass Stress entsteht und das Gehirn blockiert. Natürlich wird das ein jüngerer Mensch nicht zugeben wollen, dann besteht die Funktion des Entscheidungssystems darin, gute Gründe zu finden, weshalb die Entscheidung richtig und nur die Situation falsch war.

So nehmen Sie Einfluss

Man muss manipulieren und berechnend sein, um seine Ziele zu erreichen. Mit dieser Aussage appelliere ich keineswegs an irgendwelche niederen Instinkte, weil sowohl Manipulationsfähigkeit als auch Berechnung nicht gerade zu den bevorzugten Charaktereigenschaften in unserer Gesellschaft gehören. Manipulation bedeutet für mich nicht, einen anderen unter Vortäuschung falscher Tatsachen dazu zu bringen, etwas zu tun, was er nicht will.

Wenn ich zum Beispiel bei einem älteren Menschen an der Haustür klingele, ihm erzähle, dass ich für einen Tierschutzverein Geld sammle, und wenn er nichts geben möchte, er mir doch bitte bestätigen möge, dass ich ihn zumindest aufgesucht habe, wenn er dann auf irgendeiner Liste seine Unterschrift leistet und damit für die nächsten zehn Jahre eine Zeitschrift abonniert hat, dann ist das keine Manipulation, sondern Betrug.

Wenn ich aber jemandem einen Vorschlag mache und ihm Vorteile eines Produkts oder einer Dienstleistung schildere, die ihn ansprechen und die seinen Wünschen und Vorstellungen entsprechen, dann kann man mir wahrscheinlich vorhalten, dass ich ihn manipuliert hätte. Insofern wäre jede Form von gezielter und an der Zielperson orientierter Kommunikation und Einflussnahme als Manipulation.

Berechnend zu handeln wird ebenfalls oft damit gleichgesetzt, einen anderen Menschen in eine Falle zu locken und ihn etwas tun zu lassen, was er nicht will. Für mich bedeutet Berechnung eher Vorhersehen. Das bedeutet, wie ein Schachspieler kalkuliere ich Züge im Voraus. Ich berechne, wie der Gegner auf meinen Zug reagieren wird, was ich als Nächstes tun werde und was er dann wieder tut. Denn nur so lassen sich Ziele erreichen, und man überlässt die Ergebnisse nicht dem Zufall.

Dazu gehört es dann auch, die verschiedenen Verhandlungsstrategien nicht nur zu beherrschen, sondern sie auch im Sinne einer vorhersehbaren Wirkung und einer absehbaren Reaktion einzusetzen. Wenn jemand lieber mit einer jungen Frau verhandelt als mit einem älteren Mann – und ich muss nicht erwähnen, dass es auch genau die umgekehrten Situationen gibt –, dann soll man einfach dafür sorgen, dass die eigenen Interessen durch die richtige Person vertreten werden.

Gerade komplexe Verhandlungen sind heute Mannschaftsspiele. Und so wie heute kein Fußballverein mit einer x-beliebigen Zufallsmannschaft auf den Platz gehen wird, sollte man auch nicht mit einem Zufallsteam in Verhandlungen gehen.

Es kommt immer darauf an, die Gesamtsituation einer Verhandlung gedanklich vorwegzunehmen. Das heißt nicht nur, dass ich die Zahlen, Daten und Fakten einer Firma kenne, sondern auch noch möglichst viele persönliche Aspekte meiner Verhandlungspartner. Ob ich mir dabei mit Typologiemodellen helfe, die eine Persönlichkeitsstruktur erkennen lassen, oder ganz einfach allgemein zugängliche Informationen im Internet nutze, bleibt meiner Fantasie und Kreativität überlassen.

Sowohl bei der Vorbereitung einer Verhandlung als auch in der Verhandlung selbst kann es sehr sinnvoll sein, einen Perspektivwechsel vorzunehmen. Das kann bedeuten, dass Sie Ihren Verhandlungspartner fragen »Was würden Sie an meiner Stelle tun? Wie würden Sie das Problem aus meiner Sicht sehen?« Noch besser ist es aber, aufzustehen und den Verhandlungspartner zu bitten, die Plätze zu wechseln.

»Nehmen Sie auf meinem Stuhl Platz, und versuchen Sie, die Angelegenheit einmal aus dieser Perspektive zu betrachten.« Sie glauben gar nicht, wie groß die Wirkung eines solchen Rollenwechsels ist. Viele Verhandler haben dann allerdings Sorge, dass man in ihre Unterlagen schauen kann. Doch das ist meist unbegründet.

Wer bereit ist, die Perspektive zu wechseln, ist plötzlich so sehr auf seine neue Rolle fixiert, dass er die alte vergisst. Plötzlich befindet er sich in einem vollkommen anderen Spiel, und es wird ihm nur sehr schwer gelingen, sich davon wieder freizumachen, auch wenn es ihm überhaupt nicht behagt.

Good guy – bad guy

Es gibt bei Verhandlungen kaum eine andere Taktik, die so häufig angewandt wird wie die des »Good guy – bad guy«, und deshalb gibt es auch kaum eine, die so leicht zu durchschauen ist. Man muss sich also schon einige Varianten einfallen lassen, um sie noch halbwegs wirksam einzusetzen.

Zum Beispiel dass derjenige, der sonst immer freundlich und besonnen ist, plötzlich mit der Faust auf den Tisch haut und aggressiv wird, oder aber dass man die Variante mit zeitlicher Verzögerung spielt. Der Chef, der meistens den bad guy darstellt, sagt dem Verkäufer heute gnadenlos nein, und sein Mitarbeiter lässt den Verkäufer eine Woche später noch einmal kommen, um mit ihm dann eine konstruktive Lösung zu erarbeiten.

Macht ausüben und Macht brechen

Fallbeispiel:

Ich betreute einmal einen Einkaufsleiter, der auf der Gegenseite des Lieferanten einen hochprofessionellen Key Account Manager, also einen Kundenbetreuer, sitzen hatte, der für ihn zuständig war und der so professionell arbeitete, dass man ihn auch mit bestens vorbereiteten Verhandlungen nicht zu Zugeständnissen bewegen konnte. Der Mann kannte nämlich nicht nur sein eigenes Unternehmen in- und auswendig, sondern auch die anderen Unternehmen in der Branche.

Auch der Versuch, ihn zu umgehen und direkt mit der Geschäftsführung in Kontakt zu treten, klappte nicht. Also mussten wir uns eine ganz andere Strategie einfallen lassen. Dabei gab es zwei Möglichkeiten, entweder ihn abzuwerben gemäß der alten Weisheit »Wenn du deinen Feind nicht besiegen kannst, dann verbünde dich mit ihm«, oder aber ihn in Misskredit zu bringen. Leider entschied sich mein Kunde für die zweite Variante.

Er fing also an, Gerüchte zu streuen und die firmeninternen Wettbewerber des Key Account Managers mit Munition gegen ihn zu versorgen. Obgleich dieser ein hohes Renommee und ein gutes Standing im Haus hatte, blieb nach und nach doch etwas hängen. Man kann also immer auf Neid und Missgunst der Kollegen hinsichtlich eines Kontrahenten bauen. Im Grunde genommen handelte es sich um ein mieses, externes Mobbing, aber mein Kunde war der Meinung, dass der Zweck die Mittel heiligte.

Und tatsächlich zeigte sich schon nach einem halben Jahr die Wirkung. Der Key Account Manager hatte nicht nur den Rückhalt im eigenen Hause verloren, sondern galt auch bei anderen Großkunden als untragbar und sollte abgelöst werden. Jetzt schwang sich mein Kunde als Retter in der Not auf und half ihm wieder in den Sattel zurück. Natürlich nur gegen Zugeständnisse.

Ich erzähle diese Geschichte nicht, um sie zur Nachahmung zu empfehlen, sondern um vor den Gefahren zu warnen, die auch im Umfeld von Verhandlungen auf scheinbar starke Verhandlungspartner lauern können.

Leider geschieht diese Art des Mobbing gar nicht einmal selten. Wir brauchen uns bloß umzuschauen, wie in der Politik oder auch an Konzernspitzen Gegner beiseitegeräumt werden, die jahrelang zuvor Weggefährten waren. Die Methoden der Mafia mit all ihren Varianten von Drohungen und Erpressungen sind auch in der Wirtschaft – bis auf das wirkliche Umbringen der Gegner – zumindest im gedanklichen Hintergrund durchaus präsent.

Die Macht von Monopolisten brechen

Es gibt heute wahrscheinlich keine Monopolisten mehr, die allein einen ganzen Markt beherrschen, sondern allenfalls eine bestimmte Technologie oder Produktkategorie. In diesem Bereich sind sie unantastbar, und bei Verhandlungen macht man sich in der Regel gegenseitig nur das Leben schwer, ohne einen echten Erfolg zu erzielen.

Doch auch solche Monopolisten auf Herstellerseite kann man zu Zugeständnissen bringen, und zwar dadurch, dass man ihnen anbietet, nicht nur die Monopolprodukte zu kaufen, sondern auch andere, die sich im Wettbewerb behaupten müssen. Verkäufer leben von Provisionen, und je mehr sie verkaufen, desto größer wird diese. Also wird er sich in der Regel darauf einlassen, mehr Stücke vom Kuchen zu bekommen und nicht nur eines, auch wenn er sich dieses Mehr mit Zugeständnissen erkaufen muss.

Der erste Eindruck zählt

55 Prozent des ersten Eindrucks entfallen auf die Körpersprache, das Aussehen, auf Statussymbole und auf den Geruch. 38 Prozent entfallen auf den Klang der Stimme und nur 7 Prozent auf den Inhalt des Gesagten.

Der erste Eindruck entsteht hauptsächlich durch die Körpersprache, das heißt Haltung, Gestik, Mimik und auch die Art und Weise des Händedrucks. Auch die Stimmung, die Ausstrahlung und die innere Haltung, die durch die Körpersprache ausgedrückt werden, wirken von Anfang an. Selbstbewusstsein, Zufriedenheit, Gelassenheit, Offenheit, Wohlwollen, Lebendigkeit, Präsenz, Manieren und Distanzverhalten sind alles Elemente, die innerhalb weniger Sekunden erfasst werden.

Auch das Aussehen und die Statussymbole werden praktisch mit einem Blick erfasst. Ist derjenige groß oder klein, dick oder dünn, wie ist er gekleidet, wie ist seine Frisur, und welche Accessoires hat er gewählt, um Signale zu setzen?

Ein Thema, das in den meisten Ratgebern nie angesprochen wird und sozusagen ein Tabu darstellt, ist der Geruch. Der Mensch ist zwar längst nicht so gut wie viele Tiere in der Lage, Gerüche zu erkennen, zu differenzieren und zu unterscheiden, doch entdeckt die Hirnforschung immer mehr, wie stark Gerüche unser Unbewusstes beeinflussen.

Obgleich also 93 Prozent des ersten Eindrucks durch Äußerlichkeiten, Sprache und Stimmlage bestimmt werden, überlegen sich die meisten Menschen nur, was sie den anderen zur Begrüßung sagen wollen. Dabei lässt sich vieles, was den ersten Eindruck bestimmt, schon in der Vorbereitung klären und gestalten.

Statussymbole: So präsentieren Sie sich richtig

Niemand sollte die unbewusste Wahrnehmungsfähigkeit seines Gegenübers unterschätzen und das Maß, in welchem selbst kleinste Details Einfluss auf die Beurteilung der eigenen Person ausüben. Nehmen wir das Beispiel Schreibgeräte. Vertriebs- und Marketingleute in Unternehmen neigen dazu, den Erfolg ihrer Gesprächspartner an Statussymbolen abzulesen. Dazu gehört auch das Schreibgerät.

Wer hier einen Montblanc-Füller zückt, um sich Notizen zu machen, signalisiert: »Ich bin gut, ich habe es geschafft, ich kann mir einen solchen Füller von meinem Einkommen leisten.« Zückt man dagegen den Montblanc-Füller beim Gespräch mit einem Einkaufsleiter, so wird er daraus sofort schließen: »Der Mann ist zu teuer. Er gibt mein Geld für Dinge aus, die man nicht braucht.« Hier ist es besser, einen billigen Kugelschreiber zu nehmen. Deshalb habe ich, ehrlich gesagt, in meinem Aktenkoffer stets verschiedene Schreibgeräte, die ich der jeweiligen Situation angemessen einsetzen kann.

Natürlich gelten diese Regeln auch für Automobile, die Statussymbole par excellence sind. Nicht umsonst liegen bei vielen Firmen die Gästeparkplätze so, dass sie von vielen Abteilungen gut eingesehen werden können. Natürlich sollte niemand mit einem BMW bei Mercedes vorfahren oder mit einem Opel bei VW. Auch die Größe spielt eine Rolle. Einkaufsleiter stehen auf Golf und Audi A3, Vertriebs- und Marketingleute eher auf 5er BMW, und es darf auch schon einmal ein Porsche sein.

Fallbeispiel:

Ein selbstständiger Grafiker in Hamburg hatte die Erfahrung gemacht, dass er seine Honorare verdoppeln konnte, wenn er statt mit einem alten Alfa Romeo mit einem Porsche auf den Hof der Werbeagenturen fuhr. Die Höhe des Honorars war dann plötzlich gar kein Diskussionspunkt mehr.

Natürlich muss auch die Kleidung dem Gesprächspartner stets angemessen sein. In den Top-Etagen großer Unternehmen kleidet man sich anders als bei einem Mittelständler in der Provinz. Natürlich gibt es auch hier immer wieder Ausnahmen. Wissenschaftler kleiden sich anders als Kreative, Kaufleute anders als Techniker.

Fallbeispiel:

Als ich vor einigen Jahren den japanischen Unternehmensberater Minoru Tominaga erstmals in seinem Büro aufsuchen wollte, hatte ich mich entsprechend korrekt angezogen, dunkler Anzug, weißes Hemd, dunkle Krawatte. Auf der Fahrt zu der angegebenen Adresse kam ich durch eine Siedlung mit vielen kleinen Einfamilienhäusern. Ich nahm an, Herr Tominaga würde zu Hause arbeiten und mich im Kimono empfangen. Also löste ich während der Fahrt schon einmal meine Krawatte, um nicht einen allzu steifen Eindruck zu hinterlassen.

Doch dann stand ich plötzlich vor einem großen Park mit einem goldenen Tor und einem Schloss mit Wassergraben. Dort war das Büro und nicht in einem der Einfamilienhäuser. Also knüpfte ich schnell erneut meinen Krawattenknoten.

Fallbeispiel:

Als ich einmal am Morgen im Seminarraum meinen Vortrag vorbereite, kam der erste Teilnehmer herein, Ende 40, hoch gewachsen und sehr korrekt gekleidet mit Anzug, Weste und Krawatte. Ich tippte innerlich auf Einkaufsleiter. Doch dann drehte er sich herum, und ich sah, dass er einen Ohrring trug. Nie im Leben Einkaufsleiter. Schnell überlegte ich, ob er noch zu der Generation gehörte, die durch Ohrringe dezent ihre sexuellen Vorlieben signalisierte, oder ob er vielleicht in der Freizeit Mitglied in einer Motorradgang war. Dann entschloss ich mich, das Thema während der Veranstaltung anzusprechen.

Der Mann wusste genau, worauf ich hinauswollte, und sagte: »Der Ohrring ist Teil meiner Persönlichkeit.« Daraufhin fragte ich ihn, ob denn auch seine Persönlichkeit weg wäre, wenn er den Ohrring herausnähme. Daraufhin lief er rot an, nuschelte in seinen imaginären Bart ein leises »Nöööö« und verschwand.

Ich bin der Meinung, dass man zwischen Privatleben und Beruf trennen können muss. Jede Form von Äußerlichkeit, ob Kleidung, Schmuck oder Statussymbole, ist bei einer Verhandlung Teil der Strategie und Taktik, die mir helfen sollen, mein Ziel zu erreichen. Wenn ein Ohrring hilft, ist das in Ordnung. Wenn dadurch aber Vorurteile geweckt werden, sollte man ihn lieber herausnehmen.

Manchmal habe ich es mit Seminarteilnehmern zu tun, die zwar ein Loch im Ohr haben, aber keinen Ring tragen. Denen rechne ich hoch an, dass sie zwischen geschäftlich und privat offensichtlich gut unterscheiden können. Man darf die Subjektivität von Verhandlungspartnern nicht unterschätzen und sollte alles tun, um über Äußerlichkeiten so wenig Angriffsflächen wie möglich zu bieten.

Zusammenfassung:

Wer seinem Verhandlungspartner von vornherein eine bestimmte Betrachtungsweise schmackhaft macht, hat gute Chancen zu gewinnen. Verhandlungen verlaufen umso erfolgreicher, je besser wir sie vorbereiten. Dabei geht es nicht nur darum, möglichst viele Daten und Fakten über den Markt und den Verhandlungspartner zu sammeln, sondern auch Ziele zu definieren sowie Strategien und Taktiken zurechtzulegen.

Wer vor einer Verhandlung bereits genau die Position kennt, die er vertreten soll, der kann sich im Gespräch leichter auf die Gegenseite konzentrieren. Man darf nämlich nicht den Fehler machen, seinem Gegenüber gleiche oder zumindest doch sehr ähnliche Verhaltensmuster und Motive wie die eigenen zu unterstellen.

Um das Verhalten und die Erwartungen des Verhandlungspartners abzuschätzen und vorherzusagen, kann man verschiedene Typologien zu Hilfe nehmen. Die STAB-Typologie zum Beispiel erfasst vier unterschiedliche Orientierungen, wie Personen sich gegenüber ihrer Umwelt und anderen Personen tendenziell verhalten: strukturorientiert, treueorientiert, aktionsorientiert, beziehungsorientiert. Und auch das DISG-Modell hilft, die Verhaltensweisen und Erwartungen von Verhandlungspartnern besser einzuschätzen, ebenso die Transaktionsanalyse. Die Neurolinguistische Programmierung bietet Verfahren und Modelle, die helfen, sich selbst bewusster zu verhalten, gezielt Signale zu senden und empfangene Signale besser zu deuten.

Die definierten Ziele dürfen nicht zu hoch und damit unrealistisch sein, sonst wären die Verhandlungen von vornherein zum Scheitern verurteilt.

Bei den Verhandlungsstrategien gibt es fünf unterschiedliche Kategorien: Druck, Partnerschaft, Ausweichen, Nachgeben und Kompromiss. Man muss manipulieren und berechnend sein, um seine Ziele zu erreichen. Berechnung heißt Vorhersehen, wie ein Schachspieler Züge und Gegenzüge im Voraus kalkulieren.

93 Prozent des ersten Eindrucks werden durch Äußerlichkeiten, Sprache und Stimmlage bestimmt. Darauf sollte man sich einstellen und beachten, dass man über Äußerlichkeiten keine Angriffsflächen bietet, sondern positive Signale sendet.

Vorsicht, Irrationalität!

Was Sie in diesem Kapitel erwartet:

Sie sehen, wie Irrationalität instrumentalisiert werden kann und wie man mit Manipulationsversuchen richtig umgeht. Es wird deutlich, dass man sich darüber klar sein muss, welchem Zweck eine Verhandlung dient und welche Rolle Emotionen spielen. Sie erfahren, wie man Storytelling richtig einsetzt und wie man in Verhandlungen mit Fragen führt. Sie werden sehen, dass die Macht der Situation oft stärker ist als die handelnden Personen.

Fallbeispiel:

Gerhard Schröders Auftritt in der Berliner Runde von ARD und ZDF am 18. September 2005

Die sogenannte Elefantenrunde wurde, nachdem die Wahlergebnisse weitgehend feststanden, von ARD und ZDF live übertragen. Zu Gast waren Gerhard Schröder, damals noch der amtierende Bundeskanzler und Spitzenkandidat der SPD, Angela Merkel, Vorsitzende der CDU und Spitzenkandidatin der Union, Joschka Fischer, Bundesaußenminister und Spitzenkandidat der Grünen, Edmund Stoiber, Vorsitzender der CSU und bayerischer Ministerpräsident, Guido Westerwelle, Parteivorsitzender der FDP, und Lothar Bisky, Parteivorsitzender von Die Linke/PDS. Es moderierten der ARD-Chefredakteur Hartmann von der Tann und Nikolaus Brender vom ZDF.

Die erste Frage ging an Angela Merkel, warum sie die Wahl verloren habe. Ihre Antwort lautete, nicht sie, sondern Rot-Grün hätten verloren. Da die CDU jetzt die stärkste Kraft im Bundestag sei, hätte sie vom Wähler auch den Auftrag zur Regierungsbildung erhalten. Gerhard Schröder hörte ihr die ganze Zeit überheblich grinsend zu. Dann wandte sich Nikolaus Brender an Gerhard Schröder.

Kaum hatte er »Herr Bundeskanzler« gesagt, wurde er von Schröder unterbrochen: »Schön, dass Sie mich schon so ansprechen.« Daraufhin setzte Brender nach: »Ich sage Herr Bundeskanzler, denn das sind Sie ja noch.« Entgegnung von Schröder: »Das bleibe ich auch, auch wenn Sie dagegenarbeiten.«

Auf die Frage, ob er denn nicht verloren habe, räumte Schröder ein, dass er verglichen zu dem vorherigen Ergebnis natürlich verloren habe, aber verglichen mit dem, was in der Republik geschrieben und gesendet wurde, gebe es nur einen eindeutigen Verlierer, und das sei Frau Merkel. Als er auf den Boden der Tatsachen zurückgebracht werden sollte, fragte Schröder: »Darf ich auch mal reden, oder wollen Sie mich ständig unterbrechen?«

Dann führte Schröder aus, dass er stolz sei auf das Ergebnis, das eindeutig sei, nämlich eindeutig dahingehend, dass niemand außer ihm in der Lage sei, eine stabile Bundesregierung zu stellen. Als Brender dann erneut ansetzte und sich versprach, indem er sagte: »Ich möchte Sie noch eine Frage stellen«, korrigierte ihn Schröder sofort: »Ihnen heißt das.«

Während Schröder vor sich hin monologisierte, machte Joschka Fischer ein eher bedrücktes Gesicht. Schröder strotzte vor Selbstbewusstsein, während die Miene von Angela Merkel deutlich Irritationen zeigte. Wovon sprach der Noch-Bundeskanzler eigentlich? Er hatte doch verloren. Als Brender Schröder darauf hinwies, dass man mit einem Ergebnis um die 34 Prozent nicht der neue Führer einer Regierung sein könne, korrigierte ihn Schröder sofort: »Aber natürlich kann ich das.« Daraufhin ging das Wort an Guido Westerwelle.

Da Schröder keine große Koalition wolle, sollte Westerwelle erklären, wieso der Kanzler nun wohl offensichtlich auf ihn rechnete. »Das kann ich mir nicht erklären, genauso wie ich mir den ganzen Auftritt hier nicht erklären kann. Es wird keine Ampel in Deutschland geben. Träumen Sie weiter, nicht mit uns.«

Nachdem Edmund Stoiber ausführlich dargelegt hatte, warum die Zielmarke von 40 Prozent nicht erreicht werden konnte und welche Koalitio-

nen er sich alles nicht vorstellen konnte, war Joschka Fischer an der Reihe und zeigte ein respektables Maß an Realitätssinn, indem er nämlich eine große Koalition in Aussicht nahm, was jedoch nicht heißen sollte, dass er von vornherein auf Koalitionsgespräche mit den großen Parteien zu verzichten bereit war. Dann wagte er die Prognose, dass diese Diskussion am heutigen Abend nicht sehr ergiebig sein würde.

Als Nächster war Lothar Bisky an der Reihe, ohne allerdings Nennenswertes zur Diskussion und zur rasanten Eröffnung durch Gerhard Schröder beizutragen. Dann ging das Wort wieder an Schröder. Er solle doch bitte einmal erklären, wie er glaubte, eine Regierung bilden zu können. Schröder forderte daraufhin Angela Merkel auf, zu sagen, ob sie sich vorstellen könne, eine Regierung mit FDP und Grünen bilden zu können.

Dann fragte er die Moderatoren, ob sie im Ernst glaubten, dass seine Partei auf ein Gesprächsangebot von Angela Merkel eingehen würde, eine Regierung zu bilden, in der sie Bundeskanzlerin werden würde. »Wir müssen die Kirche doch auch mal im Dorf lassen. Die Deutschen haben doch in der Kandidatenfrage eindeutig votiert. Das kann man doch nicht ernsthaft bestreiten. Ich sage Ihnen, wir führen Gespräche, und ich sage Ihnen voraus, wir werden erfolgreich sein.«

Wenn Frau Merkel eine Koalition hinbekäme mit der FDP und den Grünen, könne er nichts dagegen machen, aber sie werde keine Koalition unter ihrer Führung mit seiner Partei hinkriegen. »Das ist eindeutig, machen Sie sich da gar nichts vor.« Dann ging das Wort wieder an Westerwelle. Er sagte an Schröder gerichtet: »Das ist ja auch eine schwere Stunde für Sie, so gekünstelt, wie Sie jetzt hier Ihren Triumph feiern, das ist ja nicht mehr ernst zu nehmen. Der Wahlkampf ist vorbei und wir können doch jetzt auch wieder normal miteinander umgehen.«

Schröder versuchte daraufhin wieder, seine Position als Siegerkandidat zu vertreten, worauf Guido Westerwelle konterte: »Ich weiß ja nicht, was Sie vor der Sendung gemacht haben.« Dann belehrte ihn Westerwelle nochmals über die Regeln der Demokratie und beendete seine an Schröder gerichteten Worte mit der Bemerkung: »Ich bin zwar jünger als Sie, aber nicht blöder.«

Als danach Angela Merkel gefragt wurde, ob sie nun auf Herrn Müntefering oder auf Herrn Schröder zugehen werde, sagte sie: »Ich werde meinen Weg finden, mit den Sozialdemokraten zu sprechen. Auch wenn es dem Bundeskanzler heute Abend schwer fällt zu akzeptieren, dass Rot-Grün abgewählt wurde, gibt es in der Geschichte kein Beispiel dafür, dass nicht die Fraktion mit der größeren Mehrheit den Kanzler stellt.« Angela Merkel zeigte sich einigermaßen überrascht, in welcher Art und Weise von Seiten Gerhard Schröders das Ergebnis dargestellt werde.

Anschließend kritisierte Stoiber noch einmal die Arroganz, mit der der Bundeskanzler hier auftrat. Kurz vor Schluss der Sendung ergriff Schröder dann noch einmal das Wort und wehrte sich gegen den Machtanspruch der CDU, die ja während des gesamten Gesprächs stets nur die andere Seite genannt hatte. Die andere Seite wäre nie in der Lage, den Machtanspruch umzusetzen. Das sei das eigentliche Problem. Auf die Frage, ob der dann tatsächlich an eine große Koalition mit dem Kanzler Schröder glaube, antwortete dieser: »Ja doch, aber was denn anderes? Wie soll das denn sonst funktionieren? Es kann jedoch nicht darum gehen, irgendwelche Machtansprüche aus formalen Gründen zu erheben, so sehr sie Ihnen (da meinte er Nikolaus Brender) auch nahe sein mögen. Das wird nicht akzeptiert werden.«

Daraufhin ging der Moderator noch einmal auf deutliche Distanz und nannte den amtierenden Bundeskanzler nur noch ›Herr Schröder‹. Sowohl Schröder als auch Angela Merkel sprachen sich während der gesamten Gesprächsrunde niemals gegenseitig persönlich an, sondern redeten nur übereinander.

Wie sah die politische Konstellation aus, als die Spitzen der Parteien sich zur Berliner Runde trafen? Allen Beteiligten war offensichtlich klar, dass es weder Schwarz-Gelb noch Rot-Grün geschafft hatten, eine Mehrheit zu erringen. Und es war auch klar, dass aufgrund der dem Wähler gegebenen Wahlversprechen weder eine schwarz-gelb-grüne noch rot-gelb-grüne und erst recht keine rot-rot-grüne Koalition möglich sein würde. Die einzige Alternative, die von vornherein bestanden hatte, war die Lösung, die wir inzwischen gut genug kennen, nämlich Schwarz-Rot. Also würde sich das gesamte Gespräch in der Berliner Runde im Kern darauf konzentrieren, während alle anderen Diskussionen nur Beiwerk waren.

Guido Westerwelle hatte sich mit seiner zukünftigen Oppositionsrolle offensichtlich schon abgefunden und versuchte entsprechend zu punkten. Lothar Bisky wollte ohnehin nur Opposition machen, und Joschka Fischer hatte seine persönlichen Lebenspläne schon ganz offensichtlich auf den politischen Ruhestand ausgerichtet.

Was übrig blieb, war eigentlich nur ein Gespräch zwischen Angela Merkel, sekundiert durch Edmund Stoiber, mit Gerhard Schröder darüber, wie man gemeinsam regieren könnte. Auch hier waren die Vorgaben so, dass nach den ungeschriebenen Regeln der Politik Angela Merkel die aktivere und mehr fordernde, weil stärkere Partei hätte sein müssen. Doch das Gespräch lief ganz anders:

Schröder legte sich nicht nur mit den Moderatoren an, sondern gab sich auch siegesgewiss, indem er in das Wahlergebnis hineininterpretierte, dass die Wähler zwar der CDU mehr Stimmen gegeben hätten, aber ihn als Bundeskanzler bestimmt hätten. Mit dieser arroganten Haltung, die bar jeder Logik war, stellte sich Schröder als miserabler Verlierer dar, der sich selbst einen guten Abgang als Bundeskanzler verbaute. Zumindest wäre das der Fall gewesen, wenn er nur auf der Mikroebene der Gesprächsrunde agiert hätte.

Wenn sein überraschendes Verhalten allerdings einer ganz bestimmten Strategie entsprach, die das Ziel hatte, der SPD einen möglichst optimalen Einstieg in die Koalitionsverhandlungen zu bieten, dann ist sein Verhalten ganz anders zu bewerten. Er hatte sich selbst und seine Reputation geopfert, um seiner Partei einen letzten großen Dienst zu erweisen.

Das erinnert mich an die legendäre Geschichte von Chruschtschows Schuh bei den Atomwaffenverhandlungen zwischen Ost und West. Auch er spielte dabei den unkalkulierbaren Irren, der mit einem Schuh auf den Tisch hämmert, um sich Aufmerksamkeit zu verschaffen und seiner Argumentation Nachdruck zu verleihen.

Jeder hatte gedacht, dass jemand, der seinen Schuh auszieht und damit auf den Tisch schlägt, auch sonst vollkommen unberechenbar handeln könnte. Doch es gibt eine Aufnahme von Chruschtschow, die zeigt, dass er in dem Moment, in dem er mit dem Schuh auf den Tisch schlug, selbst noch beide Schuhe anhatte. Er hat diesen dritten Schuh also schon wohlkalkuliert in die Verhandlung mitgebracht, um sich dort als unberechenbar und jähzornig in Szene setzen zu können. Das war also keineswegs ein spontaner, emotionaler Ausbruch, sondern eine Taktik aus der Strategie Druck.

Ähnlich könnte es sich auch bei Gerhard Schröder verhalten haben. Wahrscheinlich hatte er sehr genaue Alternativen für jeden möglichen Ausgang der Wahl geplant und diese entsprechend strategisch vorbereitet. Hier kam es ihm darauf an, den zukünftigen Verhandlungspartner zu verwirren, indem er Anspruch auf eine Position erhob, die tatsächlich nicht mehr zu erreichen war.

Damit hatte er die Latte für die Verhandlungen von vornherein höher gelegt, denn jetzt stand immer das Gespenst eines uneinsichtigen Amtsinhabers, der sich wie besessen an seiner Macht festklammert, drohend im Raum.

Es ist im Nachhinein wirklich schwer zu beurteilen, ob es sich nun um eine Strategie oder um ein situatives Verhalten Schröders gehandelt hat. Wissen kann letztlich nur er es. Doch das Ergebnis war klar: Die SPD ging wider Erwarten nicht als Verlierer, sondern auf Augenhöhe mit der CDU in die Koalitionsverhandlungen. Dies zeigte sich übrigens auch an der Verteilung der Ministersessel. Die SPD erhielt in der Bundesregierung acht Sitzplätze, ebenso viele wie die CDU/CSU mit der Kanzlerin.

Wie Sie mit Manipulationsversuchen richtig umgehen

Was ist Manipulation?

Merksatz:

Manipulation ist die gezielte und verdeckte Einflussnahme auf andere. Sie umfasst also sämtliche Prozesse, die auf die Steuerung des Erlebens und Verhaltens von Einzelnen und Gruppen zielen und diesen verborgen bleiben sollen.

Die möglichen Manipulationstechniken sind äußerst vielfältig. Wortwahl, Stimme, Mimik und Gestik üben auf andere Menschen immer einen gewissen Einfluss aus. Diesem kann sich niemand entziehen, weil jede Information, die in meinem Gehirn ankommt – ob ich sie nun bewusst oder nur unbewusst wahrnehme –, mit einer bestimmten Bedeutung aufgeladen wird.

Das Gleiche gilt auch für die Kleidung, den Verhandlungsort und selbst für die vorgesehene Verhandlungsagenda. Auch die Strategien und Taktiken, die in diesem Buch beschrieben werden, dienen der Manipulation des Verhandlungsgegners, ebenso der Wechsel zwischen der Mikroebene und der Metaebene. Auch Fragen, insbesondere Alternativ- oder Suggestivfragen, sollen andere in unserem Sinne beeinflussen.

Insofern wird es keine Verhandlungen geben, in denen nicht beide Seiten versuchen werden, die Verhandlungspartner in ihrem Sinne zu beeinflussen, also zu manipulieren. Manipulation ist also nicht im Grundsatz schlecht und verwerflich, doch man muss zwischen fairer und unfairer Manipulation unterscheiden.

Wenn sich jemand Manipulationsversuchen ausgesetzt sieht, die er als unfair empfindet, gelten für ihn folgende Handlungsempfehlungen:

1. Bleiben Sie sachlich und fair.
2. Bleiben Sie ruhig und gelassen.
3. Agieren Sie, statt zu reagieren.
4. Verfolgen Sie beharrlich Ihr Ziel.
5. Konzentrieren Sie sich auf konkrete Verhaltensweisen.
6. Bauen Sie Ihren Verhandlungspartnern eine goldene Brücke zu Ihren eigenen Zielen.

So wehren Sie Manipulationen ab

Zur Abwehr von Manipulationen gibt es insgesamt sechs Kommunikationstechniken:

1. den Präzisierungstrichter: fragen und zuhören,
2. ignorieren und weitermachen,
3. sich dumm stellen,
4. Wiederholungen,
5. die Perspektiven wechseln,
6. aus der Situation treten.

1. Der Präzisierungstrichter

Der Präzisierungstrichter ist besonders in folgenden Manipulationssituationen wirkungsvoll: Präzisionsfalle, Autoritätstaktik, Evidenztaktik und Garantietaktik.

Präzisionsfalle

Der Manipulator bedient sich statistischer Aussagen, die er nicht weiter belegt, zum Beispiel Prozentangaben, die er sich gerade eben ausgedacht hat. Lassen Sie sich davon nicht beeindrucken, sondern fragen Sie ganz gezielt nach den Quellen und kontern Sie im Zweifelsfall mit eigenen Angaben, die Sie im Rahmen Ihrer Vorbereitung ermittelt haben.

Falls Sie über keine entsprechenden Informationen verfügen, so sagen Sie dem Manipulator zu, seine Aussagen zu überprüfen und bei einer späteren Entscheidungsfindung mit zu berücksichtigen, wenn er seine Angaben nicht direkt belegen kann.

Autoritätstaktik

Der Manipulator bezieht sich in seinen Aussagen auf Autoritäten wie beispielsweise Experten oder Institutionen, um so seiner Position ein stärkeres Gewicht zu verleihen: namhafte Wissenschaftler hätten in einer Studie bewiesen ... und so weiter. Auch hier dürfen Sie sich nicht verblüffen lassen, sondern ermitteln besser die konkreten Quellen und überprüfen diese selbst.

Evidenztaktik

Der Manipulator stellt einen Sachverhalt als völlig klar und bewiesen hin. Meist benutzt er dann Formulierungen wie »Es dürfte klar sein, dass«, »Es kann nicht geleugnet werden, dass«, »Da sind wir uns doch einig, dass«. Wenn etwas so klar und bewiesen ist, wird man das auch belegen können. Also sollte man auch hier den Präzisionstrichter einsetzen, indem man so lange weiterfragt, bis man an die Quellen der Aussagen kommt oder der Manipulator das Thema freiwillig vom Tisch nimmt.

Garantietaktik

Der Manipulator bürgt für die Richtigkeit seiner Behauptungen mit seinem persönlichen Ehrenwort. Er versichert Ihnen, dass Sie ihm glauben können oder dass es für ihn nicht die geringsten Zweifel gibt. Auch hier sollte man nicht aufhören zu fragen, allerdings nicht, indem man auf die Beziehungsebene setzt und sein Ego angreift, sondern indem man strikt auf der Inhaltsebene bleibt.

Wenn jemand nicht die geringsten Zweifel hat, wird sich das ja irgendwo an Fakten festmachen lassen. Ein Autohändler, der nicht die geringsten Zweifel hat, dass der Wagen erst 60.000 Kilometer gelaufen ist, obgleich der durchgescheuerte Fahrersitz etwas anderes vermuten lässt, wird dies ja wohl anhand des Serviceheftes und der darin vermerkten Vertragswerkstatt belegen können.

2. Ignorieren und Weitermachen

Eine andere Abwehrtechnik gegen Manipulationen ist das Ignorieren und Weitermachen. Wenn der Manipulator sich zum Beispiel abfällig äußert oder sich betont desinteressiert und gelangweilt gibt, legen auch Sie eine Pause im Gespräch ein, dann stellen Sie die Frage: »Sind Sie einverstanden, dass wir weitermachen?« Oder bringen Sie einen betont konstruktiven Beitrag, auf den der andere auf jeden Fall reagieren muss.

3. Sich dumm stellen

Stellen Sie sich dumm, wenn der Manipulator versucht, vom eigentlichen Thema abzulenken, wenn er Ihnen ein schlechtes Gewissen einreden will oder Sie zu überrumpeln versucht. Tun Sie einfach so, als hätten Sie gar nicht verstanden, wovon er spricht, oder interpretieren Sie sein Verhalten einfach als Missverständnis.

4. Wiederholungen

Wenn der Manipulator versucht, vom eigentlichen Thema abzulenken, Nebenschauplätze zu eröffnen oder Sie nicht ausreden lässt, greifen Sie zum Abwehrinstrument der Wiederholungen. Sagen Sie einfach immer wieder, was Sie wollen, worauf es Ihnen ankommt, was Ihnen wichtig ist und welche Ihrer Fragen noch nicht beantwortet worden sind.

5. Perspektiven wechseln

Wenn man Sie dadurch manipulieren will, dass man Ihre Wünsche einfach nicht verstehen will, wenn sich der Manipulator also stur stellt und auf seinen Standpunkt beharrt, dann setzen Sie die Methode des Perspektivenwechsels ein. Bitten Sie den Gesprächspartner, sich in Ihre Situation zu versetzen.

6. Aus der Situation heraustreten

Hat ein Manipulator bereits mehrere Manipulationsversuche unternommen, sind seine Versuche besonders drastisch, zum Beispiel in Form von Beleidigungen oder persönlichen Angriffen, und war er mit anderen Methoden nicht zu stoppen, dann treten Sie zur Abwehr aus der Situation heraus. Unterbrechen Sie klar und deutlich das Gespräch und begründen Sie diese Unterbrechung. Fordern Sie ihn klar und deutlich auf, Ihnen zu erklären, wie es weitergehen soll.

Verhandlungsgegenstand: Worüber wird eigentlich verhandelt?

Fallbeispiel:

Es gibt in der Nähe von Stuttgart einen Motorradhändler, bei dem ich schon seit langem Kunde bin. Was mir dort so gut gefällt, ist, dass man über fast alles verhandeln kann. Die beiden Händler sind extrem flexibel und verstehen ihr Geschäft. Egal, was man kauft, meist geht man sogar mit einigen Teilen mehr aus dem Geschäft, die man alle günstiger oder als Zugabe bekommen hat.

Ich habe liebend gern verhandelt und war auch mit meinen Ergebnissen stets hoch zufrieden. Aber natürlich musste ich auch feststellen, dass ich woanders wahrscheinlich sogar ohne zu verhandeln einen besseren Preis bekommen hätte.

Trotzdem kaufe ich bei diesen Leuten nach wie vor gern. Wenn ich mich kritisch betrachte, liegt das einzig und allein daran, dass es mir selbst offensichtlich gar nicht um den Preis geht, sondern um den Kauf als Erlebnis an sich. Meinem Belohnungssystem ist es offensichtlich viel wichtiger, Spaß zu haben und einen Verhandlungserfolg verbuchen zu können, als unbedingt den letzten Cent zu sparen.

Das genaue Gegenteil dieser Motorradhändler stellt für mich eine Firma dar, die Outdoor-Ausrüstungen und -Bekleidung verkauft. Die strikte Politik dieser Firma lautet: »Es wird nie verhandelt.« Natürlich habe ich es trotzdem versucht, aber die Verkäufer blieben stur bei ihrem Prinzip. Also kaufe ich lieber woanders ein, wo es vielleicht etwas teurer ist, ich aber ein ganz anderes Kauferlebnis habe.

Erklärung von Professor Neuro:

Dies ist ein gutes Beispiel dafür, dass das Belohnungssystem im Gehirn stärker ist als das rationale System. Wir sind eben kein Homo oeconomicus. Spaß an einer Sache zu haben, ist uns wichtiger und aktiviert das

Belohnungssystem stärker als zweckrationale Gründe. Davon leben heute viele Geschäfte, Einkaufszentren und Kaufhäuser in den Innenstädten.

Hier wird das Erlebnis Kaufen zum Selbstzweck oder zumindest wichtiger als der Kauf selbst. Kaufen dient heute nur noch zu einem gewissen Anteil der reinen Bedarfsdeckung. Diese Zweckübung absolvieren viele möglichst schnell, indem sie kurz vor Ladenschluss noch rasch mit dem Einkaufswagen durch den Supermarkt flitzen. Ein Erlebniskauf darf sich hingegen über Stunden ausdehnen und ist oft ein Teil der Freizeitgestaltung.

So wie ein guter Verkäufer mit seinen Produkten und Marken möglichst viele Systeme im Gehirn anspricht, so muss es auch ein Einkäufer bei seinen Gesprächspartnern schaffen.

Die Aussage von Professor Neuro kann ich mit einem eigenen Beispiel untermauern:

Fallbeispiel:

Meine Frau und ich machten bei einem Besuch in Hamburg einen Bummel durch die Innenstadt. Wir kauften immer wieder eine Kleinigkeit, hauptsächlich für meine Frau; für mich war irgendwie nichts dabei. Dann sind wir in einen Bekleidungsladen gegangen, ich zog mich mit drei Einkaufstaschen in eine Ecke zurück, und meine Frau begann herumzustöbern.

Als ich dort saß, sprach mich ein Verkäufer an und begann mir Vorschläge zu machen und Ideen zu unterbreiten, was ich mir doch einmal anschauen sollte. Innerhalb von zehn Minuten habe ich mir einen Anzug, ein Hemd, ein Paar Socken, ein Paar Schuhe und einen Gürtel gekauft.

Der Verkäufer hat es ganz einfach geschafft, mein Belohnungssystem zu aktivieren und meine beim Betreten des Ladens noch unzufriedene Stimmung in Begeisterung umschlagen zu lassen. Als ich dann an der Kasse stand, kam meine Frau zu mir und sagte: »Lass uns weitergehen, ich habe hier nichts gefunden.«

Emotional verkaufen

Fallbeispiel:

Einer unserer Trainer hatte einen super Job, denn er beriet drei Tage pro Woche einen Unternehmer und verdiente dabei gutes Geld. Der Kollege wohnte in einem großen Haus, das der Arbeitgeber ihm zur Verfügung gestellt hatte. Das Wohnzimmer war riesig, daher glaubte er, er müsse sich auch einen riesigen Fernseher kaufen.

Er ging zum Händler, sein selbst gesetztes Limit war ein Preis von 2.000 Euro für einen Fernseher mit einer Bildschirmdiagonale von zirka 1,20 Meter. Als er in den Laden kam, sah er sofort das erste Gerät, es kostete 2.000 Euro und hatte 1,20 Meter Bildschirmdiagonale – genau, was er wollte. In dem Moment kam der Verkäufer auf ihn zu. Neben dem 1,20-Meter-Gerät stand ein anderes Gerät mit 1,40 Meter Bildschirmdiagonale.

Der Verkäufer zog dieses Gerät herbei, und schon dachte mein Bekannter: »Na ja, das ist ja auch ganz schön, einen Fernseher kauft man ja nicht jeden Tag. Nehme ich doch den 1,40 Meter großen.« Somit hat er sein Budget ganz schnell auf 3.000 Euro, also um 50 Prozent, erhöht.

Daraufhin sagte der Verkäufer: »Waren Sie denn schon einmal bei uns in der Beamer-Abteilung?« »Nein«, war die Antwort. Und der Verkäufer zeigte ihm einen Beamer mit einer Bilddiagonale von 7 Meter an der Wand, ein Riesenbild wie im Kino. Mein Bekannter war völlig begeistert, das Ganze kostet auch »nur« 3.000 Euro. »Okay, den nehme ich.«

Im Anschluss fragte der Verkäufer: »Wie ist es denn mit dem Ton?« »Ja, ich habe daheim noch die alte Stereoanlage von der Konfirmation«, antwortete der Kollege. »Die können Sie vergessen. Was Sie brauchen, ist eine neue Dolby-Surround-Anlage. Da hören Sie, wenn Arnold Schwarzenegger von hinten rechts eine Rakete nach vorne links durchjagt. Da hören Sie die Rakete am Kopf vorbeifliegen.« Mein Bekannter war begeistert: »Genau so etwas brauche ich.«

Er hat dann zusätzlich einen Verstärker gekauft für 1.200 Euro, ein paar neue Boxen, ein Center und einen Subwoofer dazu. Zum Schluss kam die Frage nach einem DVD-Player auf. Den hatte er noch nicht, und somit kam dieser natürlich auch noch dazu. Schließlich fragte der Verkäufer »Haben Sie einen Videorekorder?« »Ja, zwei.« »Stereo oder Mono?« »Mono.« Der Verkäufer: »Die können Sie vergessen!« Unterm Strich hat der geschickte Vertriebsmann unserem Trainerkollegen eine Anlage für 8.000 Euro verkauft. Dieselbe Summe hat er ihm auch als Nachlass gewährt – in Form von Rabatten.

Wie hat er es geschafft, seinem Kunden all das zu verkaufen? Er hatte gezielt dessen Belohnungssystem aktiviert. Dazu hatte er Emotionen und Begeisterung geweckt. Als der Kunde den Laden verließ, war er zufrieden. Der Verkäufer hat das kreative Kind angesprochen und über die Begeisterung verkauft, auch Emotional Selling genannt.

Fallbeispiel:

Dies ist eine Geschichte aus dem Leben der Top-Verkäuferin Ellen Lienert. Sie hatte an einem Freitagmittag um 13.00 Uhr einen Termin bei der Firma Peter Kaiser, die hochwertige Schuhe für Damen herstellt.

Als sie das Gebäude betrat, sah sie das Schild »Peter Kaiser, gegründet 1838«. Doch noch hatte das keine besondere Bedeutung für sie. Als sie dann im Wartezimmer saß, erfuhr sie, dass sie an diesem Vormittag die Fünfte war, die ein Logistikkonzept präsentieren durfte. Das heißt, vier andere waren bereits vor ihr an der Reihe. Wie war wohl die Ausgangsposition für ein solches Akquisitionsgespräch? Äußerst bescheiden.

Bald ging die Tür zum Besprechungszimmer auf, der vor ihr Präsentierende kam heraus, und sie wurde zügig hineingebeten. Das Zimmer lag im Halbdunkel, zugezogene Vorhänge, der Beamer summte leise, auf dem Tisch standen viele schon benutzte Kaffeetassen.

Die zwei Einkäufer von Peter Kaiser und der Geschäftsführer saßen mit hochgekrempelten Ärmeln bereit und hatten die Krawatten schon gelo-

ckert. Die Luft im Raum war verbraucht, man merkte, es waren schon viele Menschen hier gewesen. Man begrüßte sie mit: »Frau Lienert, bitte schön. Dort ist der Beamer, Sie können loslegen!« Und sie antwortete: »Meine Herren, ich brauche keinen Beamer, ich mache hier auch keine PowerPoint-Präsentation. Öffnen Sie die Vorhänge und auch die Fenster. Lassen Sie frische Luft herein. Ich möchte Ihnen eine Geschichte erzählen.« Da saßen die drei Herren und schauten sich mit großen Augen an. Natürlich taten sie, worum sie gebeten worden waren.

Ellen Lienert hatte erkannt, dass das Letzte, was die drei jetzt sehen wollten, eine fünfte PowerPoint-Präsentation war. Deshalb warf sie ihr komplettes Programm spontan über den Haufen. Statt die übliche Präsentation mit Zahlen, Daten und Fakten abzuspulen, ging sie auf und ab und begann ihre Geschichte zu erzählen:

»Am Wochenende war ich mit meinem Mann im Rosensteinpark spazieren, ein sehr schöner Park in Stuttgart. Dabei sind wir auch am Rosensteinmuseum vorbeigekommen. Und dort gab es eine Ausstellung über die Entstehung des Menschen. Als ich mir die Exponate anschaute, stellte ich fest, dass der Neandertaler sich schon in frühen Zeiten Felle um die Füße gebunden hat, um sich gegen Schnee und Kälte zu schützen. Wenn man so will, war das die erste Form von Schuhen.

Etliche Jahrtausende später war zu sehen, wie die Menschen das Rad entwickelt haben, indem sie Baumscheiben verwendeten. Wenn man so möchte, die Grundlage für Transporte, für Logistikunternehmen. Alles, was sich bewegt und rollt.

Ja, und dann, im Jahr 1838, kam ein genialer Mann auf die Idee, hochwertige Schuhe für Damenfüße zu machen. Peter Kaiser. Er hat angefangen, diese sehr erfolgreich zu entwickeln. Und im Jahr 1970 kam ein anderer interessanter Mann, Jörg Borkus, auf die Idee, ein wiederverwertbares Logistiksystem zu entwickeln, die Red-Box-Logistik. Heute, meine Herren, ist der Tag, an dem Ihre hochwertigen Schuhe und unsere hochwertige Logistik zusammenkommen, das ist der Grund, weshalb ich heute hier bin.«

Es herrschte einen Moment Stille. Dann sagte der Geschäftsführer: »Also, Sie haben genau begriffen, was wir brauchen!« Sie hatte den Auftrag bekommen. Natürlich wurde im Nachhinein noch über Preise und sonstige Details gesprochen, aber den Auftrag verdankte sie ihrer Präsentation. Als ich sie dann später einmal fragte, ob sie wirklich am Rosensteinmuseum spazieren gegangen war, gab sie zu, dass alles ganz spontan frei erfunden war.

Was können wir aus dieser Geschichte lernen?

Das Erste, was mir auffällt, ist der Zeitpunkt der Verkaufsverhandlung. Freitagmittag um 13.00 Uhr ist für eine solche Veranstaltung eher ungewöhnlich. Man kann sich mittags zwar gut zu einem Geschäftsessen treffen und in ungezwungener Atmosphäre all das klären, was ich eher zur Verhandlungsvorbereitung zählen würde, und sich vielleicht auch schon über bestimmte Gemeinsamkeiten abstimmen.

Bei einem gemeinsamen Essen kann man gut Informationen sammeln und Informationen geben und die Beziehung verfestigen. Für Verhandlungen im Detail und vielleicht sogar für eine etwas härtere Gangart ist ein Mittagessen allerdings nicht geeignet. Aber Ellen Lienert war ja auch gar nicht zum Essen eingeladen worden. Stattdessen musste sie damit rechnen, dass ihre Gesprächspartner den gesamten Vormittag über schon hart gearbeitet hatten und jetzt abgespannt waren. Was sie interessierte, waren weniger Fakten als die Aussicht auf eine baldige Pause. Aber man kann sich eben nicht immer die günstigsten Termine für eine Verhandlung aussuchen.

Ich habe Ellen Lienert mal gefragt, welche Schuhe sie bei diesem Treffen getragen hat. Natürlich hatte sie als Spitzenverkäuferin Schuhe von Peter Kaiser getragen.

Da Ellen Lienert eine routinierte Verkäuferin ist, hätte ich eigentlich erwartet, dass sie bereits bei ihrer Vorabrecherche herausgefunden hatte, dass sie als Letzte von fünf Anbietern ihre Leistungen vorstellen durfte; das war natürlich eine sehr ungünstige Platzierung.

Generell sind bei solchen Präsentationen die Plätze zwei und drei die günstigsten. Anschließend sinken das Interesse und die Aufmerksamkeit der Verhandlungspartner oft rapide ab. Und wer als Erster präsentiert, setzt für die Nachfolgenden die Maßstäbe, ohne selbst im Gespräch Nachbesserungen vornehmen zu können und auch ohne durch geschickte Fragetechniken etwas über die anderen Angebote in Erfahrung bringen zu können.

Mir ist nicht bekannt, wie die PowerPoint-Präsentation von Ellen Lienert in diesem Fall ausgesehen hätte, aber die Entscheidung, auf die Methode des Storytellings zurückzugreifen, war ganz eindeutig die richtige. Das wäre sie allerdings auch gewesen, wenn sich Ellen Lienert schon vorher dafür entschieden hätte. Offensichtlich besaß sie aber zu Recht ein großes Vertrauen in ihr Improvisationstalent; das ist allerdings nicht jedem gegeben. Andere hätten vielleicht auch unter ungünstigen Bedingungen ihr Standardprogramm durchgezogen.

Da die Verhandlung ganz offensichtlich ohne Warmup und Small Talk gleich zum Kern der Sache kommen sollte, war es wichtig, dass Ellen Lienert mit den bestehenden Erwartungen brach. Vorhänge auf und Fenster auf bringt nicht nur Sauerstoff für das Gehirn, sondern wirkt insgesamt wie ein Weckruf, der weitaus stärker wirkt als die Bitte um Aufmerksamkeit. Gleichzeitig hat Ellen Lienert gezeigt, dass sie ein aktiver Mensch ist, dass sie bereit ist, die Initiative zu ergreifen und damit die Führung der Verhandlung zu übernehmen. Sie bestimmte jetzt, wie es weiterging.

Storytelling ist im Rahmen von Verhandlungen eine sehr gute, aber leider immer noch viel zu selten eingesetzte Methode. Der Grund ist: Storytelling muss man können – und Ellen Lienert konnte es. Sie hat sich selbst in die Geschichte mit eingebaut, dann aber ihren Kunden zum »Helden« gemacht. Und was braucht ein Held in jeder Geschichte? Einen Freund, der ihm treu zur Seite steht, der ihn durch alle schwierigen Lagen des Lebens begleitet und ihn unterstützt. Dieser Freund war die Firma, für die Ellen Lienert arbeitete.

Das alles kann man natürlich auch ganz trocken und abstrakt darstellen, doch dann wird nur das rationale System im Gehirn angesprochen. Beim Storytelling mobilisiert man aber auch die Erinnerungen und Erfahrungen und ganz besonders das emotionale System. Wenn dann die Geschichte auch noch gut ausgeht, springt zusätzlich noch das Belohnungssystem an, genau wie in diesem Fall.

Es kommt beim Storytelling nicht darauf an, wahre Geschichten zu erzählen, sondern – wie in einem Märchen – eine gute Geschichte. Und weil die meisten Menschen nicht wie Ellen Lienert Naturbegabungen sind, ist es wichtig, sich eine solche Geschichte schon im Rahmen der Vorbereitung zurechtzulegen.

So führen Sie in Verhandlungen mit den richtigen Fragen

Der alte Leitsatz »Wer fragt, führt!« hat bis heute nichts von seiner Bedeutung eingebüßt. Allerdings kommt es auf die richtigen Fragetechniken, Frageformen und Frageinhalte an. Die beiden Standardfragen bei geschäftlichen Verhandlungen »Haben Sie gut hergefunden?« und »Möchten Sie einen Kaffee?« haben nun so gar nichts mit der Kunst des Fragens zu tun.

Fragen haben wie jede Kommunikation sowohl einen Beziehungsaspekt als auch einen Inhaltsaspekt. Gerade die Beziehungsebene ist bei Verhandlungen von großer Bedeutung. Durch die richtigen Fragen schafft man schon beim Warmup im Small Talk die richtige Atmosphäre. Wichtig ist, dass man durch seine Fragen echtes Interesse zeigt sowie Sympathie und Offenheit signalisiert. Wer fragt, zeigt auch, dass er nicht nur aktiv ist, sondern auch bereit, die Initiative zu ergreifen.

Durch Fragen stellt man sich also auch in einem ganz wesentlichen Maße selbst dar. Weiterhin erhält der Verhandlungspartner durch die Fragen ein Feedback darüber, wie seine Person eingeschätzt wird. Und gleichzeitig räumt man ihm durch Fragen einen Raum zur Selbstdarstellung ein. Durch Fragen bringt man den Dialog in Gang, und sie haben außerdem noch den Vorteil, dass man nicht selbst reden muss und im ungünstigsten Fall kontinuierlich vor sich hin monologisiert. All dies gehört zum Beziehungsaspekt der Fragen.

Beim Inhaltsaspekt kommt es darauf an, dass man Informationen erhält und etwas über die Ziele des anderen erfährt. Dass man durch Fragen den Gesprächspartner genauer kennenlernt, wirkt sich sowohl auf der Beziehungs- als auch auf der Inhaltsebene aus. Durch Fragen steuert man das Gespräch und kann im positiven wie im negativen Sinne den Gesprächspartner manipulieren.

Was heißt das nun im Einzelnen?

Antwort von Professor Neuro:

Das Gehirn neigt dazu, in Dualismen zu denken, weil das der einfachste Weg ist. An – aus, hell – dunkel, gut – böse, schwarz – weiß oder bei Fragen ja oder nein. Komplexeres Denken bedeutet für das Gehirn deutlich mehr Arbeit, und deshalb kommt es auch bei Verhandlungen oft zu geschlossenen Fragen, die nur zwei Antworten zulassen, eben ja oder nein.

Der informative Gehalt dieser Antworten ist jedoch relativ gering, und oft genug zwingt man den Verhandlungspartner durch geschlossene Fragen sogar in eine Position, in die er sich selbst gar nicht hineinmanövrieren möchte.

Es ist also unklug, zum Beispiel folgende Frage zu stellen: »Ist das Ihr letztes Angebot?« Besser wäre hier die Frage: »Was können Sie mir sonst noch anbieten?«

Auch eine scheinbar einfache Frage wie: »Ist das Produkt im Katalog enthalten?« kann in die Irre führen. Vielleicht ist es nicht im Katalog enthalten, weil es ein Prototyp ist, weil es ausgelaufen ist oder weil der Katalog nicht mehr auf dem neuesten Stand ist.

Oder vielleicht möchte der Verhandlungspartner gerade dieses Produkt für Sie exklusiv herstellen. Möglicherweise setzt er nach einem Nein sogar zu einer Erklärung an, doch die erreicht Sie gar nicht mehr, weil das Nein in Ihrem Gehirn schon bestimmte andere Bahnen freigeschaltet hat und die positive Wendung nicht mehr wahrgenommen wird.

Auch eine Frage wie: »Sind Sie kompetent?« ist der Verhandlung nicht gerade dienlich. Denn erstens ist sie nicht spezifiziert, in welcher Bezie-

hung kompetent gemeint ist, und zweitens hat sie auch einen sehr negativen Beziehungsaspekt. Vielleicht setzt jemand diese Frage ein, um Druck aufzubauen, aber ganz bestimmt nicht, um sachdienliche Informationen zu erhalten.

Generell ist es besser, mit offenen Fragen zu arbeiten, die dem Verhandlungspartner die Gelegenheit geben, seine Antwort auszugestalten und informativ anzureichern. Solche offenen Fragen beginnen meist mit den Worten »wer«, »was«, »wann«, »wo«, »weshalb« und »wie«. Da es vielen Menschen schwerfällt, spontan offene Fragen zu formulieren, sollte man sich diese im Zweifelsfall vor der Verhandlung notieren, um dann auf diese Formulierungen zurückgreifen zu können. Sie könnten zum Beispiel lauten: »Was sind Ihre Wünsche?«, »Wann benötigen Sie meine Entscheidung?«, »Welche Alternativen können Sie mir bieten?«

Aktives Zuhören

Über die Bedeutung des Zuhörens haben wir bereits gesprochen. Aktives Zuhören bedeutet, durch Rückfragen indirekt die Gesprächsführung zu steuern. Wichtig ist dabei, Interesse am Thema und an der Person zu zeigen, Verständnis für das Gegenüber zu entwickeln und zu zeigen, dass man seinen Aussagen Bedeutung gibt, den Gesprächspartner aufzuwerten und ihn am Reden zu halten.

Dadurch entsteht für unseren Partner der Eindruck, ein gutes Gespräch zu führen, und es hilft uns, wichtige Informationen zu bekommen. Aktives Zuhören ist die Grundlage jeder positiven Gesprächsatmosphäre.

Der Einwand

Ein Einwand ist ein Interessensignal, das je nach Beantwortung ein positives oder ein negatives Gewicht bekommt. Diese Aussage sollten wir noch einmal im Detail betrachten:

Die meisten Menschen sehen in einem Einwand eine Störung der eigenen Argumentation und des eigenen Gedankenflusses, die entweder möglichst schnell beiseite geschoben werden muss oder einfach ignoriert wird. Manche sehen darin auch einen Angriff, mit dem Druck aufgebaut werden soll. Es liegt jedoch an uns selbst, wie wir den Einwand behandeln. Und wenn wir ihn konsequent als Interessensignal interpretieren, liegt es an uns, ihm durch unsere Antwort einen Sinn zu geben, der unseren Absichten entspricht.

Wir sollten uns deshalb zunächst einmal Gedanken darüber machen, was in einer Verhandlung zu einem Einwand führt:

- unterschiedliche fachliche Qualifikation der Verhandlungspartner,
- komplizierte Ausdrucksweise,
- nicht überzeugende Argumente,
- unerfüllte Forderungen,
- aus den Augen verlorene Ziele,
- fehlende Verhandlungs- oder Entscheidungskompetenz,
- Unsicherheit,
- Instrument der Verhandlungstaktik und -strategie.

Ein häufiger Grund für einen Einwand ist auch die unterschiedliche fachliche Qualifikation der Verhandlungspartner. Das soll nicht heißen, dass einer von beiden oder vielleicht sogar beide inkompetent sind, um über ein bestimmtes Thema zu reden; aber es kommt dem schon ziemlich nahe.

Es gibt auch Situationen, in denen sich einer der Verhandlungspartner so kompliziert ausdrückt, dass ihn der andere beim besten Willen nicht verstehen kann. Oder einer spult so schnell eine für ihn selbstverständliche und vollkommen logische Gedankenfolge ab, dass der andere ihm nicht mehr folgen kann. Es kann aber auch sein, dass die Argumente einfach nicht überzeugend genug sind.

Weitere Gründe für Einwände sind unerfüllte Forderungen, die entweder übersehen, nicht deutlich genug formuliert oder auch nicht deutlich genug in den Ausführungen berücksichtigt worden sind. Das Gleiche gilt oft auch für die Ziele der Verhandlungspartner, die im Laufe der Verhandlung aus den Augen verloren wurden. Im ungünstigsten Fall kann sich während der Verhandlung herausstellen, dass an dem Angebot des einen beim andern überhaupt kein Interesse besteht.

Oft führt auch die fehlende Verhandlungs- oder Entscheidungskompetenz dazu, dass Einwände gemacht werden, oder Unsicherheit darüber, ob man sich noch in seinem Entscheidungsrahmen bewegt oder vom Verhandlungspartner schon darüber hinaus geführt worden ist.

Natürlich sind Einwände auch immer ein Instrument der Verhandlungstaktik und -strategie, die dann entsprechend beantwortet werden müssen.

Wie kann man nun mit diesen Einwänden umgehen? Wenn man beispielsweise feststellt, dass man seinen Verhandlungspartner auf der sachlichen oder fachlichen Ebene überfordert, kann man ihm detaillierte Erläuterungen anbieten, den Sachverhalt an einem Beispiel erklären oder ihn in Form eines Gleichnisses darstellen. Diese Lösungen sind auch in den Fällen anzuwenden, in denen man sich selbst unverständlich ausgedrückt hat oder das, was für einen selbst selbstverständlich ist, noch einmal in kleineren gedanklichen Schritten darlegt.

Sind die eigenen Argumente nicht überzeugend, sollte man gemeinsam mit dem Verhandlungspartner prüfen, an welchen Stellen man selbst nachbessern kann und wo vielleicht noch Informationen fehlen. Hat man Forderungen übersehen oder falsch interpretiert, sollte dies umgehend nachgeholt werden; falls man das Ziel verfehlt hat, ist es am günstigsten, den Verhandlungspartner zu bitten, dieses noch einmal selbst zu formulieren.

Konfrontiert einen der Verhandlungspartner mit der Aussage, dass er gar kein Interesse an dem Angebot hat, ist es zweckmäßig, ihn seine Interessenlage darstellen zu lassen. Handelt es sich um fehlende Verhandlungs- oder Entscheidungskompetenz, sollte man seinen Verhandlungspartner bitten, den Rahmen, in dem er sich bewegen kann, für sich selbst deutlich abzustecken. Sollte es Unsicherheiten geben, ist es auch hier wichtig, dem Verhandlungspartner Gelegenheit zu geben, diese zu formulieren, damit man sie sorgfältig ausräumen kann.

Handelt es sich bei dem Einwand eindeutig um ein taktisches oder strategisches Manöver, ist es zweckmäßig, von der Mikroebene auf die Metaebene zu wechseln und gemeinsam Klarheit über die Art der Verhandlungsführung zu schaffen.

In der Vorbereitung einer Verhandlung kann man sich zumindest auf die üblichen Einwände einstellen.

Die häufigsten Formen der Einwände sind:

- Widerspruch,
- Richtigstellung,
- Argumente bezüglich Qualität, Preis, Lieferzeiten,
- Einwände bezüglich Leistungsinhalt und -umfang,
- Hinweis auf Nebenkosten,
- Einwand der Unsicherheit,
- Einwand: kein Bedarf.

Da ist zunächst einmal der Widerspruch, dass die von einem selbst gemachten Angaben falsch seien, dass also das angebotene Produkt oder die Lösung für den angestrebten Zweck nicht geeignet sei. Hier bewegt man sich auf einer ganz sachlichen Ebene – entweder hat man selbst tatsächlich nicht alle Bedingungen berücksichtigt, oder aber dem Verhandlungspartner fehlen einige Informationen. Um solchen Einwänden begegnen zu können, ist eine gute und detaillierte Vorbereitung auf jeden Fall wichtig, denn solche Widersprüche lassen sich nicht einfach nur mit einem »Ich denke doch« oder aber »Ich glaube nicht« kontern.

Die nächste Form des Einwands ist die Richtigstellung. Der Verhandlungspartner ist dann meist der Überzeugung, dass er den eigenen Bedarf kennt und die Argumente, die man vorgebracht hat, in die falsche Richtung zeigen. Hier ist es wichtig, sich den Einwand genauer erläutern zu lassen.

Einen häufig angeführten Einwand bildet das Argument, dass der Wettbewerb besser oder die angebotene Qualität nicht ausreichend sei. Eine genaue Kenntnis der Wettbewerbs- und Marktsituation sollte genügend Argumente liefern, um diesen Einwand zu entkräften. Das Gleiche gilt für den Einwand »zu teuer«. Kommt der Einwand, dass die Lieferzeiten zu lang seien, erhält man einen wertvollen Anknüpfungspunkt, indem man nun nicht mehr darüber spricht, ob man liefern soll, sondern vielmehr wann.

Das Gleiche gilt für Einwände, die sich auf den Leistungsinhalt und den Umfang beziehen. Hier sollte man die vom Verhandlungspartner eingeräumte Gestaltungsfreiheit unbedingt nutzen. Ein ebenfalls häufig gemachter Einwand ist der Hinweis auf die Nebenkosten. Auch hier kann man durch eine markt- und wettbewerbsbasierte Fachkenntnis schnell zu positiven Gesamtkostenbetrachtungen kommen, die allerdings ebenfalls gut vorbereitet sein müssen.

Der Einwand der Unsicherheit, ein »Ich weiß nicht« und hauptsächlich durch Körpersprache signalisiertes Ausweichen kann durch das Abfragen harter Fakten aufgefangen werden: Ist es der Preis, die Qualität, die Lieferzeit? Wo steckt der Grund für das nicht zu formulierende Unbehagen?

Der letzte Einwand »Wir haben keinen Bedarf« sollte bei einer gut vorbereiteten Verhandlung überhaupt nicht fallen. Jemandem etwas verkaufen zu wollen, was er wirklich nicht braucht, lässt einen auf das Niveau von Vertretern von Zeitungsabonnements zurückfallen.

Natürlich kann es sein, dass der Verhandlungspartner schon Lieferanten hat, mit denen er zufrieden ist, aber man selbst sollte dann Argumente haben, die eine noch größere Zufriedenheit versprechen. Welche Argumente im jeweiligen Fall am zugkräftigsten sind, sollte sich allerdings nicht erst in der Verhandlung herausstellen, sondern schon in der Vorbereitung ermittelt werden.

Die Verhandlungssituation

Checkliste: Ein Angebot annehmen

Ein Eröffnungsangebot sollte man niemals sofort akzeptieren.

Eröffnen Sie zurückhaltend und machen Sie erst im Laufe des Gesprächs Konzessionen.

Zu schnelles Akzeptieren eines Angebots macht misstrauisch.

Sollte das Eröffnungsangebot so gut sein, dass Sie befürchten, Ihnen ginge diese Gelegenheit durch weiteres Verhandeln verloren, fragen Sie sich zunächst:

- Welchen Eindruck macht das auf die Gegenseite?
- Erwartet die Gegenseite, dass ich verhandele?
- Sieht es aus ihrer Warte verdächtig aus, wenn ich nicht verhandele?
- Ist es in Zukunft wichtig, eine gute Beziehung zur anderen Partei zu haben?
- Wenn ich das Eröffnungsangebot annehme, kann die Gegenpartei das Geschäft im Nachhinein aushebeln?

Wenn situatives Verhalten die Oberhand gewinnt

Fallbeispiel:

In meinen Seminaren erzähle ich gern folgende Geschichte: Ein junger, intelligenter Mann, nennen wir ihn einmal Herr Meier, fährt jeden Tag mit der S-Bahn zur Arbeit. Dabei hat er herausgefunden, dass er auf seiner Strecke nur drei Mal im Jahr kontrolliert wird, ob er eine gültige Fahrkarte hat oder nicht. Also hat er sich entschlossen, auf eine Monatskarte zu verzichten und künftig schwarzzufahren. Wenn er nur drei Mal pro Jahr ein erhöhtes Fahrgeld und eine Strafe zahlt, rechnet sich das für ihn immer noch.

Nun steht er morgens einmal wieder in der S-Bahn, doch am letzten Halt, bevor er aussteigen muss, steigt ein älterer Herr mit Umhängetasche ein. Nachdem sich die Türen geschlossen haben, zückt er einen Ausweis und ruft »Fahrkartenkontrolle, Ihre Fahrscheine bitte!«

Wenn ich jetzt die Seminarteilnehmer frage, was würden Sie in dieser Situation tun, lautet die erste Antwort meist: »Schauen, dass ich so weit wie möglich vom Kontrolleur wegkomme.« Die erste Reaktion ist also immer Flucht, das heißt zu versuchen, dass so viele Fahrgäste wie möglich vor einem selbst kontrolliert werden und man es vielleicht noch bei der nächsten Haltestelle schafft, den Wagen unkontrolliert verlassen zu können.

Die nächste Idee ist dann meist, sich eine Ausrede einfallen zu lassen. Aber welche? Die meisten Ausreden wird der Kontrolleur schon kennen, sie müsste also so gut und so neu sein, dass der Kontrolleur kein fertiges Verhaltensmuster parat hat, um darauf zu reagieren. Also suchen die Seminarteilnehmer nach kreativen Lösungen.

»Ich ziehe die Notbremse, reiße die Tür auf und springe aus dem Zug.« Eine extreme und sehr gefährliche Variante der Flucht, die dazu noch besonders teuer werden kann, wenn andere Fahrgäste stürzen und sich verletzen. Ein anderer Vorschlag lautet: »Ich werde ohnmächtig oder täusche einen Anfall vor.« Das kann vielleicht Geld sparen, aber auch dazu führen, dass der Herr Meier nicht im Büro, sondern im Krankenhaus oder auf einer Polizeiwache landet.

Folgende alternative Lösung habe ich nur ein einziges Mal gehört: »Ich gehe hin, packe einen anderen Fahrgast am Kragen und verlange dessen Ticket.« Aggression ist nach der Flucht tatsächlich die zweite Variante, die in unserem Gehirn als Lösung für eine bedrohliche Situation vorprogrammiert ist.

Doch wirklich clever war keiner dieser Vorschläge. Sie bewegten sich nämlich alle auf der situativen Mikroebene. Echte Lösungen finden sich in verfahrenen Situationen aber nur, wenn man in der Lage ist, aus der Situation selbst herauszutreten, um sich auf der Metaebene die zentrale Frage zu stellen: Was ist eigentlich das Problem?

Geht es hier darum, einen Fluchtweg zu finden oder die Situation durch Aggression zu bewältigen? Oder geht es darum, eine Konfrontation mit dem Kontrolleur zu vermeiden, weil man selbst keine Fahrkarte hat? Erstaunlicherweise sind es meist die Frauen, die eine Lösung auf der Metaebene finden, indem sie die Kooperation suchen.

Frauen fragen dann nämlich die anderen Fahrgäste: »Wer von Ihnen hat bitteschön ein Gruppenticket, auf dem noch ein Platz für mich frei wäre?« Es ist nicht verboten, eine Gruppe auch während der Fahrt zu ergänzen oder zu komplettieren. Während wir auf der Mikroebene nur auf die von der Situation vorgegebenen Lösungen fixiert sind, können wir auf der Metaebene ein Problem ganz anders betrachten und daher auch zu ganz anderen Lösungen kommen. Das sind dann sogenannte Lösungen der zweiten Ebene.

Haben Sie schon einmal Schachspieler beobachtet? Die meiste Zeit sitzen sie da und denken nach. In einer zweistündigen Schachpartie werden meist nur rund drei Minuten für Aktionen, also das Ziehen der Figuren, eingesetzt und die restlichen 117 Minuten für das strategische Überlegen. Das Problem, das allerdings ein Schwarzfahrer hat, ist das Zeitproblem. Denn es dauert keine zwei Stunden, bis der Kontrolleur bei ihm ist, sondern meist nur ein paar Minuten. Und ein Schwarzfahrer kann sich auch keine Auszeit erbitten, um zu überlegen, wie er aus der verfahrenen Situation herauskommt.

Wenn Sie verhandeln, sind glücklicherweise weder Sie ein Schwarzfahrer, noch ist Ihr Verhandlungspartner ein Kontrolleur. Sie sitzen in der Regel beide im selben Boot. Also sollten Sie beide überlegen, ob es nicht sinnvoller ist, die situative Mikroebene zu verlassen, um auf der Metaebene gemeinsam einen Blick auf das Ziel und den Weg dorthin zu werfen.

Viele Menschen haben ein Problem, das sie allein deshalb nicht lösen können, weil sie es in seinem Kern nicht richtig erkennen, sondern immer nur hektisch auf eine bestehende Situation reagieren und dabei nur zwischen den beiden Varianten Flucht oder Angriff wählen. Um ein Problem wirklich richtig zu analysieren, kommt es häufig nur darauf an, zwischen Ursache und Wirkung zu unterscheiden. Dazu möchte ich Ihnen ein Beispiel aus meiner eigenen Erfahrung geben:

Fallbeispiel:

Als ich mit Anfang 20 als Einkäufer bei Porsche arbeitete, musste ich mich immer wieder mit Ingenieuren und Technikern abstimmen, wenn es um bestimmte Produktfragen ging. Oft saßen mir dann bis zu fünf Gesprächspartner gegenüber, die in der Summe 150 Jahre Berufserfahrung hatten. Wenn ich den Raum betrat, habe ich mir angewöhnt, erst einmal einen Scherz zu machen. Die Reaktion darauf war allerdings meist keine besonders lockere und entspannte Gesprächsatmosphäre, sondern die, dass ich wie ein Clown behandelt wurde.

Ich dachte daher immer, dass diese Leute total trocken waren und meinen Humor nicht verstanden. Nach fünf Jahren und diversen Kommunikationstrainings habe ich dann erkannt, dass es in dieser Runde nur einen Doofen gab, nämlich mich. Ich hatte mir einfach keine Gedanken gemacht, welche Erwartungen diese berufserfahrenen Spezialisten an einen Einkäufer hatten, der zu ihnen kam.

Sie wünschten sich, dass jemand sie mit Einkaufswissen versorgte, der Seriosität und Kompetenz vermittelte. Stattdessen war der erste Eindruck von mir: Da kommt ein Spaßvogel und Sprücheklopfer. Und erst nach einer halben Stunde konnte ich sie dann überzeugen, dass noch mehr dahintersteckte.

Später habe ich mein Verhalten genau umgekehrt. Ich habe dann die erste halbe Stunde sehr seriös und kompetent mit ihnen gesprochen und erst dann einen Witz gerissen, der das ganze Gespräch auf eine menschlichere Ebene brachte. Nun war der Eindruck von mir: Der

Mann ist seriös und kompetent und außerdem noch witzig. Aber es hat fünf Jahre gedauert, bis ich dieses Problem erkannt und gelöst hatte.

Fallbeispiel:

Mein Vater wollte seinen Wohnwagen verkaufen und hatte ihn in der Zeitung annonciert. Am Samstagmittag kam der erste potenzielle Kunde, um den Wohnwagen zu besichtigen, der vor dem Haus meiner Eltern stand. Mein Vater wollte 7.000 Euro haben, der Interessent aber nur 6.000 Euro zahlen.

Da öffnete sich plötzlich das Küchenfenster, meine Mutter beugte sich heraus und rief: »Da ist jemand am Telefon, der möchte wegen des Wohnwagens in einer Stunde vorbeikommen. Kann er das?« In dem Moment sagte der Interessent: »Okay, ich nehme ihn für 7.000 Euro.«

Wer meine Mutter kennt, wird wissen, dass dies keineswegs ein abgesprochener Verkaufstrick war, sondern dass sich tatsächlich am Telefon ein weiterer Interessent befand. Wichtig ist in diesem Fall aber, wie stark die Situation den Käufer beeinflusst hat. Entweder hatte er keine Strategie mit einem bestimmten Preislimit, oder dieses lag tatsächlich bei 7.000 Euro, vielleicht sogar noch darüber. Die Verhandlung hätte sich vielleicht noch lange hingezogen, und man wäre sich dann bei 6.800 Euro entgegengekommen.

Hier kam aber durch den Anruf ein neues Element in die Verhandlung, das die Situation vollkommen veränderte. Hätte der Käufer jetzt nicht zugeschlagen, dann hätte mein Vater wahrscheinlich noch eine Stunde gewartet, um dann die beiden Interessenten gegeneinander antreten zu lassen. Im für ihn günstigsten Fall wären beide so stark interessiert gewesen, dass sie versucht hätten, sich gegenseitig zu überbieten und vielleicht bei 7.500 Euro gelandet wären.

Erklärung von Professor Neuro:

Die Situation, in der sich ein Mensch aktuell befindet, ist stärker als er selbst. Zu dieser Erkenntnis kam der Psychologe Philip G. Zimbardo. Er hat nachgewiesen, dass Menschen in bestimmten Situationen all ihre Wertevorstellungen über Bord werfen, wenn sich dies aus der Situation ergibt.

So kann ein geschickter Verhandler durch das Herbeiführen bestimmter Situationen seinen Partner durchaus veranlassen, auch gut ausgeklügelte Strategien zu kippen und nur noch auf der Mikroebene der Situation zu agieren. Die einzige Rettung in solchen Fällen stellt der Sprung auf die Metaebene dar.

Der Wohnwagenkäufer hätte zum Beispiel auch sagen können, dass der Wohnwagen nur so gut wie verkauft sei und der andere Interessent sich in zwei Stunden noch einmal melden sollte. Dann hätte er sich selbst wieder Spielraum verschafft. Doch solche Überlegungen werden eben von Situationen schnell beiseite gedrängt, und man muss den Sprung auf die Metaebene schon gut trainiert haben, um sein eigenes situatives Verhalten in den Griff zu bekommen.

Fallbeispiel:

Ich erinnere mich noch sehr gut an einen Einkaufsleiter einer bayerischen Firma, der inzwischen im Ruhestand ist. Er hatte ein paar Mietshäuser in der Münchener Innenstadt geerbt und war dadurch finanziell unabhängig und nicht mehr auf seinen monatlichen Gehaltsscheck angewiesen.

Dieser Einkaufsleiter hatte sich schon über viele Jahre über einen Lieferanten geärgert, der praktisch eine Monopolstellung innehatte und diese auch weidlich ausnutzte. Eines Tages platzte dem Einkaufsleiter der Kragen. Er schlug mit der Faust auf den Tisch und brüllte den Verkäufer an: »Verschwinden Sie, hauen Sie ab.«

Was meinen Sie, wie der Verkäufer des Monopolisten reagiert hat? Er saß da wie ein lebendes Fragezeichen und hat wahrscheinlich gedacht: »Moment, das ist doch üblicherweise mein Text, andere Leute anzuschreien und grob zu behandeln. Wieso bin ich auf einmal dran?«

Der Einkaufsleiter konnte das Verhältnis zu diesem Monopolisten vollkommen umkehren. Plötzlich war er der Starke und der Monopolist der Schwache. Das lag allerdings nicht daran, dass sich das Verhältnis zwischen dem Monopolisten und dem Kunden geändert hat, sondern dass der Kunde seine eigene Situation dank der Erbschaft völlig neu bewerten konnte.

Sein persönliches Worst-Case-Szenario sah plötzlich nicht mehr so aus, dass er händeringend Ersatz für den Monopolisten suchen müsste, sondern dass er im ungünstigsten Falle einfach seinen Job aufgab und sich der Verwaltung seiner Häuser widmete. Sein persönliches Szenario und damit die Bewertung der Situation hatten sich vollkommen geändert. Und plötzlich war auch die Basis für die Verhandlung eine ganz andere. Der Monopolist war so überrascht, dass er die neue Situation akzeptierte und damit auch zuließ, dass die Weichen für folgende Verhandlungen anders gestellt wurden.

Merksatz:

Es kommt oft darauf an, dass man die Mikroebene der Verhandlung verlässt, um auf der Metaebene seine eigene Position neu zu bestimmen.

Stillstand bei Verhandlungen

Merksatz:

Die meisten Verhandlungsblockaden stammen von verletzten Egos.

Es gibt bei Verhandlungen immer wieder Gegenspieler, die es von vornherein darauf anlegen, ihre Verhandlungspartner zu verletzen, weil sie damit rechnen, bei einem verunsicherten Gegenüber leichter ihre Interessen durchsetzen zu können. Sie arbeiten ganz bewusst mit Mobbing-Methoden, und deshalb darf man diesen Typ von Verhandler auch ruhig »Verhandlungsmobber« nennen. Ebenso wie das Mobbing in den Unternehmen immer stärker zunimmt, wird es auch immer häufiger bei Verhandlungen angewendet.

Der Verhandlungsmobber versucht die Inhaltsebene zu verlassen und den Dialog nur noch auf der Beziehungsebene zu führen. Man kann sich auf diese Strategie einlassen, wenn man sie vorhergesehen und sich entsprechend darauf vorbereitet hat. Empfehlen würde ich es dennoch nicht. Wir hätten es dann nämlich mit dem »Wir-sehen-uns-in-der-Hölle-Phänomen« zu tun. Jeder versucht den Gegner zu vernichten und ist auch bereit, für die Vernichtung des Gegners mit hohen eigenen Verlusten zu bezahlen.

Es kann aber auch sein, dass sich die Gegenpartei aus unserer Sicht wie ein Verhandlungsmobber verhält, ohne dass dies strategisch geplant, vielleicht noch nicht einmal beabsichtigt war. Tatsächlich wird das Bild, das wir von unserem Verhandlungspartner haben (und er von uns), keineswegs nur durch sein tatsächliches Verhalten bestimmt, sondern wir addieren immer unbewusst mehr oder weniger viele Erfahrungen und Erinnerungen an andere Personen hinzu. Manchmal zu viele, dann wird der Verhandlungsdialog zu einem Gespräch mit einem Menschen, der überhaupt nicht am Verhandlungstisch sitzt, mit dem wir aber vielleicht noch eine Rechnung offen haben.

Unsere Erinnerungen an besonders positive, aber eben auch an besonders negative Erfahrungen sind oft so stark, dass sie die Oberhand gewinnen können. Dabei werden diese Erinnerungen oft nur durch einzelne Signale ausgelöst. Zum Beispiel kann uns ein Verhandlungspartner, der einen Schnauzbart trägt und ein bestimmtes Rasierwasser benutzt, an einen früheren Lehrer erinnern, mit dem wir überhaupt nicht gut klarkamen. Wenn man es dann schafft, die aufsteigenden negativen Emotionen richtig einzusortieren und in den Griff zu bekommen, ist alles im grünen Bereich.

Was aber, wenn dessen Stimme und Dialekt ebenfalls denen des Lehrers ähneln? Plötzlich sitzt man in diesem Fall gedanklich wieder in der Schule und sagt sich: »Das muss ich mir von diesem Typ heute nicht mehr bieten lassen.« Alles, was der Verhandlungspartner jetzt sagt, sieht man plötzlich in einem ganz anderen Licht und reagiert entsprechend darauf. Die Situation gewinnt die Oberhand und diktiert uns und vielleicht auch dem Verhandlungspartner das Verhalten.

Unser Gegenüber hat unser Ego nicht verletzt, aber er hat ungewollt unsichtbare Wunden berührt, was er beim besten Willen nicht wissen konnte. Was tut man in einem solchen Fall? Man zieht die Reißleine. Egal, ob es sich um einen echten Verhandlungsmobber handelt oder ob man Gefahr läuft, in die Situation etwas hineinzuinterpretieren, was gar nicht vorhanden ist, sagen Sie klipp und klar: »Hier komme ich im Moment nicht weiter.«

Sie sollen jetzt keinen Seelenstriptease hinlegen, sondern unmissverständlich aussprechen, wie Sie bestimmte Äußerungen verstanden haben. Bitten Sie um Erklärung, ob diese tatsächlich so gemeint waren, wie sie bei Ihnen ankamen. Es liegt dann an Ihrem Verhandlungspartner, auf der Metaebene die Situation zu deuten und Ihnen eine Hilfestellung zu geben.

Entweder hat er Interesse daran, die Verhandlung weiterzuführen, dann wird er sich im Zweifelsfall entschuldigen, seine Aussage als »Witz« deuten oder Ihnen erklären, was er tatsächlich gemeint hat. Oder aber er wird Ihnen ganz deutlich sagen, dass er aus bestimmten Gründen, die für ihn vielleicht relevant sind, die Verhandlung mit Ihnen nicht mehr weiterführen wird.

Jedoch gibt es immer auch noch eine dritte Möglichkeit, nämlich die, dass er die Vernichtungsschlacht bis zum bitteren Ende fortzusetzen gedenkt. Nun ist es an Ihnen, die Verhandlung zu beenden, indem Sie einen neuen Termin und vielleicht auch an Ihrer Stelle einen neuen Verhandlungspartner vorschlagen.

Aber nicht alle Blockaden in Verhandlungen finden ausschließlich auf der Beziehungsebene statt, sondern sie können auch auf der Inhaltsebene entstehen. Wenn beide Seiten merken, dass innerhalb einer Verhandlung keine Bewegung mehr stattfindet, werden sie dazu neigen, sich immer weiter aus dem Verhandlungsprozess zurückzuziehen, wobei der Anreiz, Kompromisse zu schließen, ganz erheblich nachlässt.

Deshalb ist es wichtig, solche Blockaden so schnell wie möglich aufzulösen. Versuchen Sie auch hier, durch offene Fragen die Ursachen der Blockade zu ergründen, und einigen Sie sich mit Ihrem Verhandlungspartner dann, die blockierenden Themen zurückzustellen.

Generell gelten im Zusammenhang mit dem Stillstand von Verhandlungen folgende Regeln:

1. Versuchen Sie auf jeden Fall, einen unnötigen, weil verfrühten Stillstand zu verhindern, indem Sie vorhersehbare Probleme nach hinten schieben oder, wenn diese Probleme überraschend auftauchen, sie einvernehmlich mit Ihrem Verhandlungspartner ausklammern.
2. Bewahren Sie auf jeden Fall Geduld, auch wenn die Gegenseite Sie eventuell zu verlieren droht.
3. Wurden Egos verletzt, geben Sie der Gegenseite die Möglichkeit zum »Abkühlen«. Nehmen Sie sich Zeit, um neue Ansätze für Lösungen zu finden.

Zusammenfassung:

Manipulationen, ob über Wortwahl, Stimme, Mimik oder Gestik, haben auf andere Menschen immer einen Einfluss, denn jede Information, die im Gehirn ankommt, wird mit einer bestimmten Bedeutung aufgeladen. Aber es gibt zur Abwehr von Manipulationen sechs verschiedene Kommunikationstechniken.

Das Belohnungssystem im Gehirn ist stärker als das rationale System. Spaß an einer Sache zu haben, ist uns wichtiger und aktiviert das Belohnungssystem stärker als zweckrationale Gründe. Deshalb funktionieren emotionales Verkaufen und Verkaufen mithilfe des Storytellings so gut.

Fragen haben wie jede Kommunikation sowohl einen Beziehungsaspekt als auch einen Inhaltsaspekt. Gerade die Beziehungsebene ist bei Verhandlungen von großer Bedeutung. Durch Fragen steuert man das Gespräch und kann im positiven wie im negativen Sinne den Gesprächspartner manipulieren. Aktives Zuhören bedeutet, durch Rückfragen indirekt das Gespräch zu steuern.

Ein Einwand ist ein Interessensignal, das je nach Beantwortung ein positives oder ein negatives Gewicht bekommt. Es liegt an uns, ihm durch unsere Antwort einen Sinn zu geben, der unseren Absichten entspricht. In der Vorbereitung einer Verhandlung kann man sich zumindest auf die üblichen Einwände einstellen.

Die Situation, in der sich ein Mensch aktuell befindet, ist stärker als er selbst. In bestimmten Situationen wirft er all seine Wertevorstellungen über Bord, wenn sich dies aus der Situation ergibt. So kann ein geschickter Verhandler durch das Herbeiführen bestimmter Situationen seinen Partner veranlassen, seine Strategien zu kippen und nur noch auf der Mikroebene der Situation zu agieren. In solchen Fällen hilft nur der Sprung auf die Metaebene.

Ein Verhandlungsmobber versucht die Inhaltsebene zu verlassen und den Dialog nur noch auf der Beziehungsebene zu führen. Trifft man auf solch einen Verhandlungspartner, sollte man ganz einfach sagen, wie man bestimmte Äußerungen verstanden hat, und um Erklärung bitten, ob diese tatsächlich so gemeint waren. Es liegt dann an ihm, auf der Metaebene die Situation zu deuten.

So gewinnen Sie bei jeder Verhandlung

Was Sie in diesem Kapitel erwartet:

Sie erfahren, wie Sie durch die Gestaltung der Verhandlungssituation Ihr Gegenüber dazu bringen, sich selbst unter Druck zu setzen. Außerdem verrate ich Ihnen, wie Sie Ihr Belohnungssystem auf Hochtouren bringen.

Fallbeispiel:

Mein Vater wollte sich im vergangenen Jahr einen gebrauchten BMW kaufen. Wir haben uns im Internet auf den Gebrauchtwagenplattformen die verschiedensten Wagen angeschaut und dann fünf ausgewählt, die in Farbe, Ausstattung und Kilometerleistung den Vorstellungen meines Vaters entsprachen.

Eines dieser Wunschautos stand in Bonn, wo ich an einem Freitag ein Seminar hatte. Nachdem das beendet war, habe ich mich mit meinem Vater um 17.00 Uhr am Bahnhof getroffen, und wir sind per Taxi zu dem Händler gefahren, bei dem das Wunschfahrzeug stand. Wir hatten nicht nur die Ausdrucke der anderen Angebote dabei, sondern auch einen Ausdruck der Zugverbindungen von Bonn nach Stuttgart, um deutlich zu machen, dass wir nicht auf dieses Auto angewiesen sein würden, um nach Hause zu kommen.

Unsere Ausgangsposition war klar. Mein Vater wollte ein Auto haben zu einem bestimmten Preis und mit einer bestimmten Ausstattung. Wenn zwei Leute bei einer Verhandlung auftreten, ist normalerweise der Entscheider der bad guy und sein Begleiter der good guy. Doch das machte hier keinen Sinn. Hier wollte mein Vater das Auto haben und nicht ich. Deshalb haben wir die Rollen getauscht.

Als wir im Autohaus waren, erklärte mein Vater dem Verkäufer, dass ich die letzte Entscheidung treffen würde, ob wir das Auto kaufen, und nicht er, weil ich mehr Erfahrungen mit Autos hätte. So konnte er sich ganz seiner Begeisterung hingeben, während ich mich in der Rolle des skeptischen Kritikers befand. Der Verkäufer konnte sich ganz auf meinen Vater konzentrieren und seine Begeisterung entfachen, durfte mich aber nicht aus den Augen verlieren, weil ich entschied, ob wir kaufen oder nicht.

Da wir erst um 17.00 Uhr und dazu auch noch an einem Freitag den Termin im Autohaus hatten, war die erste Stunde schnell rum. Gegen 18.00 Uhr verabschiedeten sich die Kollegen des Verkäufers allmählich ins Wochenende. Um 19.00 Uhr waren wir dann so weit. Der Wagen stand mit allem Drum und Dran, voll getankt und mit roten Nummernschildern vor der Tür.

In den zwei Stunden, die wir uns in diesem Autohaus aufgehalten haben, haben wir ein paar tausend Euro verdient. Wir mussten sie nicht ausgeben, weil wir uns vorbereitet und ein günstiges Timing gewählt hatten und gemeinsam mit einer einfachen, aber wirkungsvollen Strategie vorgegangen sind. Der wichtigste Punkt war der, dass wir dem Verkäufer ständig signalisierten, dass seine Kooperationsbereitschaft durch Erfolg gekrönt werden würde. Nicht wir setzten ihn unter Druck, sondern er sich selbst. Ein gelungener Abschluss und dann ab ins Wochenende. Was kann schöner sein?

Erklärung von Professor Neuro:

Dies ist ein schönes Beispiel, wie die sieben Grundregeln der Neurowissenschaften beim Verhandeln und Kommunizieren ihre Wirkung entfalten können. Natürlich hat der Händler durch die unbewussten Signale seiner beiden Gesprächspartner gespürt, dass sie kaufen wollen, vorausgesetzt, die Konditionen stimmen. Also wurde sein Belohnungssystem durch seine Erwartungen aktiviert.

Diese Kunden unverrichteter Dinge wieder gehen zu lassen, hätte ihm echte »Schmerzen« bereitet. Hätte er sich unkooperativ gezeigt, dann wäre es wie beim Ultimatumspiel am Ende ein Verlust für beide Seiten gewesen, ein Risiko, das sich für ihn nicht einzugehen lohnte. Schließlich hatte er ja auch die Vorinformation, dass die beiden Interessenten extra aus Stuttgart nach Bonn gekommen waren, um sich ein ganz bestimmtes Fahrzeug bei ihm anzuschauen. Ohne eine Kaufabsicht hätten sie den weiten Weg sicherlich nicht auf sich genommen.

Offensichtlich war der Verkäufer auch in der Lage, die komplexen Signale des Good-guy-bad-guy-Spiels richtig zu deuten und die Fakten und Emotionen auseinanderzuhalten. Dass die Situation eine ganz bestimmte Eigendynamik hatte, wurde offensichtlich auch vom Verkäufer erkannt. Er konnte diese Kunden nicht einfach fortschicken und sie bitten, am Montag noch einmal wiederzukommen, um das Verkaufsgespräch dann in aller Ruhe führen zu können. Wenn diese Kunden gehen, nehmen sie den Wagen mit, und wenn nicht, kommen sie niemals wieder.

Gewinnen heißt, sein Ziel erreichen

Eine Verhandlung zu gewinnen heißt nicht, dass ich mehr bekomme als der andere, und auch nicht, dass ich Sieger bin und er Verlierer ist. Gewinnen heißt immer nur, sein Ziel erreicht zu haben.

Das kann zum Beispiel auch bedeuten, dass Sie Ihre Ziele niedriger stecken, wenn Sie gegen einen Monopolisten antreten. Das Wichtige ist jedoch immer, dass Ihre Ziele realistisch, erreichbar und auch messbar sind. Für jede Verhandlung müssen Sie sich ein Minimalziel und ein Maximalziel stecken.

Das Minimalziel in einer Verhandlung mit einem Monopolisten kann vielleicht nur heißen, die Zahlungskonditionen etwas anzupassen, während das Maximalziel vielleicht so aussieht, einen Preis um ein paar Prozent zu kürzen. Zwischen Minimalziel und Maximalziel liegt Ihr Verhandlungsspielraum. Aber es ist wichtig, das Minimalziel zu erreichen, denn dann haben Sie gewonnen, wenn auch nicht alles, aber doch immerhin etwas, was Sie auch gewinnen wollten.

Wer sich nur ein einziges Ziel setzt und dieses verfehlt, muss sich ganz automatisch als Verlierer fühlen, und das wird Sie mental für jede weitere Verhandlung schwächen. Wer sein Minimalziel erreicht, darf sich als Gewinner fühlen, auch wenn er dies vielleicht nicht seinem Verhandlungspartner zeigt.

Die Macht der positiven Beziehung

9 Regeln für erfolgreiche Verhandlungen

1. Lächeln Sie!
2. Reden Sie Ihr Gegenüber oft mit Namen an!
3. Gehen Sie Verhandlungen gelassen an!
4. Seien Sie optimistisch – oder tun Sie wenigstens so!
5. Setzen Sie vertrauensbildende Maßnahmen ein!
6. Suchen Sie nach Gemeinsamkeiten, bevor Sie über Differenzen diskutieren!
7. Legen Sie die Position der Gegenseite besser dar!
8. Halten Sie Verhandlungen vertraulich!
9. Helfen Sie dem anderen, das Gesicht zu wahren!

Die oben genannten Regeln haben alle nur einen Zweck: das Belohnungssystem des Verhandlungspartners auf Hochtouren zu bringen. Dabei werden zum Teil uralte Muster im Gehirn aktiviert. Schon Säuglinge beantworten ein Lächeln ebenfalls mit einem Lächeln. Das Belohnungssystem mag es, wenn man freundlich zu ihm ist.

Der eigene Name ist ein so fester Bestandteil der Persönlichkeit, dass er bei Folterungen oder auch früher im Strafvollzug als Erstes durch eine Nummer ersetzt wurde. Nimmt man einem Menschen seinen Namen, nimmt man ihm auch einen Teil seiner Identität. Spricht man ihn mit seinem Namen an, ist das bereits eine erste grundlegende Wertschätzung.

Jeder Mensch sucht Sicherheit und Gelassenheit, auch in Verhandlungen kann genau dieses Gefühl vermittelt werden. Also, seien Sie gelassen! Optimismus schlägt sich wie kaum ein anderes Gefühl in Körpersignalen nieder. Und weil wir alle lieber in der Gesellschaft optimistischer Menschen sind als in der Gesellschaft pessimistischer, gönnen Sie sich dieses starke Gefühl.

Vertrauen ist ein Gefühl, auf das wir als Kind zwingend angewiesen sind und das so angenehm ist, dass wir unser Leben lang nicht mehr darauf verzichten wollen, wenn wir es einmal kennengelernt haben. Da jeder Mensch ein soziales Wesen ist, sucht unser emotionales System immer nach Gemeinsamkeiten. Differenzen werden dagegen eher als destruktiv erlebt. Wer die Position der Gegenseite darlegt, zeigt Einfühlungsvermögen und Hilfebereitschaft. Auch das ist ein Teil unseres sozialen Wesens.

Angst ist ein sehr starkes Gefühl, und wer Verhandlungen vertraulich behandelt, baut Ängste ab. Nichts ist bei Verhandlungen so schmerzhaft, wie sein Gesicht zu verlieren. Die Wahrscheinlichkeit, dass das Belohnungssystem auf Rache sinnt, ist dagegen bei einem Gesichtsverlust sehr groß.

Auch wer über den Einsatz von Mafia-Methoden nachdenkt, sollte sich stets bewusst sein, dass positive Beziehungen zumindest langfristig eine größere Macht ausüben. Es gab auf der Welt schon viele Diktatoren und Terrorregime, die davon träumten, ein tausendjähriges Reich zu errichten. Geschafft hat es bisher noch keiner.

1. Lächeln Sie!

Zwischen Körper und Geist besteht eine ständige unbewusste Wechselwirkung. Das heißt, das, was wir denken, drückt sich nicht nur in unserer Mimik aus, sondern auch in unserer Körperhaltung und in kleinsten Bewegungen. Geübte Mentalisten machen sich das in ihren Bühnenshows zunutze, und geübte Psychologen können allein aus der Körpersprache eines Paares in wenigen Minuten herauslesen, ob dieses auch noch in einigen Jahren zusammen sein wird oder nicht.

Umgekehrt beeinflussen aber auch schon die kleinsten Bewegungen, körperlichen Wahrnehmungen und unsere eigene Mimik unsere Denkweise. Wer eine heiße Tasse Kaffee in den Händen hält, hat positivere Gedanken und eine generell positivere Wahrnehmung als jemand mit einem Glas voller Eiswürfel. Denken Sie an etwas Schönes, und lächeln Sie!

Ein echtes Lächeln findet nicht nur in der Mundpartie statt, sondern vor allem auch in den Augen. Große, schwarze Sonnenbrillen tragen nur Gangster, ungeübte Pokerspieler und Autoverkäufer, die den Tacho manipuliert haben. Wer nur mit dem Mund lächelt, wie es der Altbundeskanzler Helmut Schmidt oft getan hat, sieht dann nicht freundlich aus, sondern so, als ob er einen beißen wollte.

2. Reden Sie Ihr Gegenüber oft mit Namen an!

Nichts hört ein Mensch bewusster und lieber als seinen eigenen Namen. Wahrscheinlich kennen Sie die Situation, wenn auf Partys oder bei Versammlungen viele Menschen zusammenstehen und alle durcheinanderreden. Plötzlich fällt irgendwo Ihr Name, und Sie werden sofort wach und hellhörig. Wahrscheinlich kennen Sie auch die Werbebriefe, in denen immer wieder Ihr Name auftaucht. Das ist natürlich kein Zufall, sondern dient einzig und allein dazu, Sie positiv zu stimmen und aufmerksam zu machen.

3. Gehen Sie Verhandlungen gelassen an!

Viele Leser werden mir jetzt erwidern, dass das leichter gesagt ist als getan. Die Erwartung schwieriger Verhandlungen lässt wahrscheinlich jeden körperlich gespannt und vielleicht sogar verkrampft wirken. Ein wenig Selbstsuggestion kann deshalb nicht schaden und wirkt sogar beim Zahnarzt. Schließen Sie kurz die Augen und denken Sie mit allen Sinnen an etwas, das für Sie Freiheit und Wohlbefinden bedeutet.

Ein Bekannter von mir versetzt sich immer für einen kurzen Moment an den Strand und blickt hinaus aufs Meer. Er hört die Wellen plätschern und spürt, wie das Wasser seine nackten Füße umspielt. Er sieht den fernen Horizont, der Wind weht durch seine Haare, und er schmeckt die salzige Luft auf den Lippen. Nun kann er ganz gelassen in die Verhandlung gehen, denn gleichgültig, was dort passieren wird, irgendwann danach wird er wieder am Meer stehen und ganz er selbst sein.

4. Seien Sie optimistisch – oder tun Sie wenigstens so!

Es gibt viele Menschen, die von Natur aus Optimisten sind und überall nur halb volle Gläser sehen, die für andere stets schon halb leer sind. Insofern ist Optimismus natürlich einerseits Charaktersache, was nicht bedeutet, dass ein Optimist stets als naiver Idiot durchs Leben laufen muss, der reale Gefahren und Schwierigkeiten nicht erkennt.

Andererseits ist Optimismus eine wesentliche Komponente der Hoffnung, die oft ungeahnte Kräfte und Fähigkeiten mobilisieren kann. Denken Sie nur an die Menschen, die auf hoher See über Bord eines Schiffes gehen und oft erst viele Stunden später lebend geborgen werden können, obgleich dies niemand mehr erwartet hat. Ähnliche Beispiele gibt es auch von Bergsteigern und Wüstenwanderern.

Optimismus hat viel mit Autosuggestion zu tun und mit der Überzeugung, dass es nach jeder noch so schwierigen Situation irgendwie weitergeht. Der Wiener Psychiater Viktor E. Frankl hat das Konzentrationslager überlebt, weil er fest davon überzeugt war, dies schaffen zu können. Aber er schildert auch das Schicksal von Mithäftlingen, die sich mit allen Gedanken daran klammerten, an einem bestimmten Datum von den Alliierten befreit zu werden. Als sich deren Vorrücken nur um wenige Tage verzögerte, starben die Mithäftlinge, weil sie plötzlich jede Hoffnung verloren hatten.

Stellen Sie sich einfach vor, wie ein optimistischer Mensch steht, geht und sich bewegt. Beispiele dafür finden Sie ja genug im Fernsehen. Schlüpfen Sie in die Rolle von Günther Jauch oder Dieter Bohlen. Spüren Sie, wie sich mit der Haltung Ihres Körpers auch Ihre Gedanken ändern. Und so betreten Sie den Verhandlungsraum.

Die anderen werden Ihre Körpersprache lesen, und wenn Sie Optimismus ausstrahlen, werden Sie ein entsprechendes Feedback erhalten und wie ein Gewinner behandelt werden. Wer sich aber klein und schwach fühlt, gilt von vornherein für die anderen schon als Verlierer.

5. Setzen Sie vertrauensbildende Maßnahmen ein!

Vertrauen lässt sich nicht erzwingen, sondern nur erwerben. Sicherlich gibt es eine ganze Reihe von Faktoren, die dabei behilflich sind. Wer zeigt, dass er in seinem Verhalten konsistent und vorhersagbar ist, wird ebenso Vertrauen gewinnen können wie jemand, der seinem Gegenüber Interesse und Sympathie entgegenbringt. Vertrauen kann sich auch aus Autorität ergeben.

Doch wehe, wenn Vertrauen auch nur einmal missbraucht oder enttäuscht wurde. Der Schaden ist dann meist irreparabel. Einen Arzt, der eine falsche Diagnose stellte, werden Sie wahrscheinlich kein zweites Mal aufsuchen. Ein Geschäftspartner, der Sie hintergangen hat, wird zumindest so lange auf die schwarze Liste gesetzt werden, bis er über lange Zeit und in vielen kleinen Schritten seine Reputation zurückgewonnen hat.

Die Grundlagen des Vertrauens werden in der frühen Bindungsperiode zwischen der Mutter und ihrem Kind ausgebildet. Tatsächlich bleibt einem Säugling auch gar nichts anderes übrig, als sich ohne Vorbehalte seiner Mutter auszuliefern. Der Mensch lernt erst im Laufe seiner weiteren Entwicklung, dass er dieses Vertrauen nicht uneingeschränkt allen schenken darf.

Insofern ist für das Vertrauen, das wir einer anderen Person entgegenbringen, unsere eigene Erfahrung das wichtigste Entscheidungskriterium. Die Menge und Bereitschaft des Vertrauens, das wir anderen entgegenbringen, ist also ein Teil unserer Biografie und auch ein Teil unserer Persönlichkeit.

Vertrauen lässt sich folglich nicht einfordern, und es ist auch sehr schwierig, mithilfe unbewusster Signale um Vertrauen zu bitten. Die Frage: »Schauen Sie mir in die Augen. Können diese Augen lügen?« lässt sich meist leicht beantworten. »Die Augen nicht, aber vielleicht Sie.« Wer Vertrauen aufbauen will, muss ehrlich, offen, verlässlich und beständig sein. Er muss dafür Sorge tragen, die Ängste seines Gegenübers zu erkennen und diese dann abzubauen.

Das größte Vertrauen genießen von vornherein Personen, die denselben gesellschaftlichen Gruppierungen zugehören wie wir selbst. Wenn Sie wissen, wo diese Gemeinsamkeiten zu finden sind, wird es Ihnen viel leichter fallen, Vertrauen aufzubauen, als wenn Sie diese nur eher zufällig entdecken.

6. Suchen Sie nach Gemeinsamkeiten, bevor Sie über Differenzen diskutieren!

Viele Menschen glauben, Verhandlungen abkürzen zu können und Zeit zu sparen, wenn sie gleich zu Beginn auf das Wesentliche kommen. Dabei gilt für sie als das Wesentliche meist das, wo man unterschiedlicher Meinung ist, und nicht das, was einen verbindet. Diese Haltung ist falsch!

Man kann hier als ein gutes Beispiel die Koalitionsverhandlungen des Hamburger CDU-Bürgermeisters Ole von Beust mit den Grünen im März 2008 nehmen. Dass diese Koalition inzwischen so reibungslos funktioniert und geräuschlos effektiv arbeitet, liegt sicherlich hauptsächlich daran, dass beide Seiten immer erst nach den Gemeinsamkeiten bei der Lösung eines Problems suchten und das Konfliktpotenzial erst am Schluss behandelten.

Am ersten Tag der Koalitionsverhandlungen standen die Themen Haushalt, Kultur- und Sportpolitik auf der Tagesordnung, alles Bereiche, bei denen es viele Gemeinsamkeiten gab. Beide Parteien zogen anschließend ein positives Fazit und zeigten sich sehr zufrieden. Die Themen Umwelt und Verkehr, wo es einige Differenzen gab, kamen erst am zweiten Tag der Verhandlungen auf den Tisch. Und laut von Beust »mit Spannung geladene Themen« wie der Bau eines Kohlekraftwerkes im Stadtteil Moorburg waren erst am dritten Verhandlungstag dran.

Es ist viel einfacher, über Differenzen zu sprechen und diese auszuräumen, wenn man sie auf der Basis von Gemeinsamkeiten behandelt. Unbewusst schaltet das Gehirn dabei nämlich von Konfrontation auf Kooperation. Ich wollte einmal bei eBay ein Diktiersystem kaufen, das allerdings bei der Abholung einen Defekt aufwies, den der Verkäufer offensichtlich nicht kannte.

Ich hätte ihm jetzt Täuschungs- oder Betrugsabsichten vorwerfen können, aber das hätte beiden Seiten nichts genützt. Er wollte ein funktionierendes Gerät verkaufen, und ich wollte ein funktionierendes Gerät erwerben. Also einigten wir uns darauf, dass er es zunächst reparieren ließ und mir als Ersatz für die zusätzlichen Aufwendungen meinerseits noch einige Zubehörteile dazulegte. Sicherlich war sein Gewinn nicht so groß wie erhofft, aber das Wichtigste für uns beide war, dass das Geschäft überhaupt zustande kam.

7. Legen Sie die Position der Gegenseite besser dar!

Viele, besonders ungeübte Verhandlungspartner trauen sich nicht, ihre Ziele und Erwartungen präzise zu formulieren, weil sie sich entweder tatsächlich nicht vollständig darüber im Klaren sind oder weil sie glauben, etwas von sich preiszugeben, was gegen sie eingesetzt werden könnte.

Also ergreifen Sie die Initiative, und sagen Sie Ihrem Verhandlungspartner, was er sich Ihrer Meinung nach wünscht. Oft genug macht sich bei ihm große Erleichterung breit, weil Sie ihm diesen schwierigen Akt der Selbstdarstellung abgenommen haben. Sagen Sie ihm genau, was er wann und warum braucht. Wenn man darüber Einigkeit erlangt hat, ist der Preis oft nur noch Nebensache.

8. Halten Sie Verhandlungen vertraulich!

Viele Verhandlungspartner fürchten, dass sie durch Offenheit und Ehrlichkeit in zukünftigen Verhandlungen eine schlechtere Position haben. Diese Angst können Sie durch die Vereinbarung von Vertraulichkeit mindern. Manche fürchten auch, dass Informationen aus dem eigenen Hause zu ihrem Wettbewerber wandern könnten. Solche Ängste sind berechtigt und durchaus ernstzunehmen. Verhandlungen auf der Basis einer Vertraulichkeitsvereinbarung laufen daher meist flüssiger und kommen auch schneller zum Ziel.

9. Helfen Sie dem anderen, das Gesicht zu wahren!

Die Akzeptanz von ungünstigen Konditionen ist für die meisten Verhandlungspartner nicht so problematisch wie der möglicherweise damit verbundene Verlust des Gesichts. Es geht bei Verhandlungen nicht darum, den anderen kleinzukriegen oder ihn fertigzumachen, sondern Ergebnisse zu erzielen, die man selbst als Erfolg betrachtet.

Leider stehen für viele Verhandlungspartner aber stattdessen egozentrische Motive im Vordergrund. Ihnen kommt es oft mehr darauf an, über andere zu triumphieren und anschließend damit zu prahlen, mit welchen miesen Tricks sie den anderen über den Tisch gezogen haben. Vielleicht bekommen sie dafür sogar Beifall, dauerhafte Akzeptanz durch andere und eine höhere nachhaltige Wertschätzung werden sie dadurch aber nicht erreichen.

Niemand geht gern mit einem miesen Typ um, weil er stets damit rechnen muss, selbst irgendwann einmal schlecht behandelt zu werden. Andere das Gesicht verlieren zu lassen gilt in allen Kulturen als besonders niederträchtig. Auch wenn man dadurch vielleicht kurzfristig Gewinne erzielen kann, zahlen sich solche Verhaltensweisen langfristig für eine Gemeinschaft nicht aus.

Knappheit und Ankerpreise steuern das Verhalten

Fallbeispiel:

Als ich vor einiger Zeit einmal wieder einen Bekannten besuchte, der eine Werbeagentur führt, musste er mir unbedingt eine Neuerwerbung zeigen. Es war ein großer, alter Leuchttisch ganz aus Holz mit einer Milchglasplatte, an dem man Dias betrachten konnte. Solche Möbelstücke sind heute fast schon Raritäten, doch das Beste für meinen Bekannten war, dass er es für 1 Euro ersteigert hat.

Die Auktion war folgendermaßen abgelaufen: Der Auktionator hatte mehrere Leuchttische und rief den ersten für 100 Euro auf. Doch keine Hand hob sich. Daraufhin fragte er das Publikum nach einem ersten Gebot. Mein Bekannter rief, eigentlich nur aus Spaß, »1 Euro«, denn er wusste, dass solche Tische viel mehr wert sind. Zu seinem Erstaunen sagte der Auktionator sofort: »Zum ersten, zum zweiten und zum dritten, verkauft.«

Mein Bekannter hatte den Leuchttisch tatsächlich für 1 Euro erhalten. Die anderen Auktionsteilnehmer saßen mit großen Augen da und verstanden die Welt nicht mehr. Doch als noch weitere solcher Tische aufgerufen wurden, kam es zu wilden Bietgefechten, und die nächsten Tische wurde für 200 Euro und mehr verkauft.

Was war passiert? Dadurch, dass der erste Tisch so schnell verkauft wurde, hatten die anderen Auktionsteilnehmer Angst, überhaupt keinen mehr abzubekommen. Dadurch, dass der erste Tisch für 1 Euro praktisch verschenkt wurde, hat der Auktionator ein wahres Jagdfieber unter allen Beteiligten ausgelöst.

Hätte er den ersten Tisch mit viel Mühe vielleicht auf 50 Euro gebracht, dann wäre diese Summe als Referenzpreis in den Köpfen verankert gewesen, und niemand hätte mehr dafür zahlen wollen. Jetzt hatten aber alle die Vorstellung im Kopf, dass es hier etwas fast umsonst gibt und sich jeder beeilen müsste, wenigstens noch einen kleinen Vorteil mitzunehmen.

Tit-for-tat: Geben Sie nie etwas, ohne etwas zu fordern

Fallbeispiel:

Wenn ich ein Kostenangebot für ein Seminar abgebe, beginnen die meisten Kunden, mit mir zu handeln. Schließlich bin ich Verhandlungstrainer, und entweder glauben sie, dass sie mit mir handeln müssen, um als Geschäftspartner ernstgenommen zu werden, oder sie suchen mit mir ein sportliches Kräftemessen, um mir zu zeigen, dass sie nicht ganz unbedarft sind. Vielleicht sind manchen auch tatsächlich die Preise zu hoch, das wäre dann ein Zeichen dafür, dass sie den Markt nicht kennen und sich folglich nicht gut vorbereitet haben.

Also, es gibt viele Gründe, mit einem Verhandlungstrainer zu verhandeln, denn wenn nicht mit ihm, mit wem dann? Mein wichtigstes Gegenargument ist, dass ich dem Kunden keinen großen Preisnachlass einräumen kann, denn wenn ich es täte, dürfte er mir keinen Auftrag erteilen, weil ich dann ja schlecht verhandeln würde und mein Geld als Verhandlungstrainer nicht wert wäre.

Wenn ich über meine eigenen Honorare nicht verhandeln kann, wie sollte ich dann in der Lage sein, ihnen zu helfen, bestimmte finanzielle Ziele zu erreichen? Das verstehen die Kunden natürlich sofort und merken, dass sie in einem Dilemma sind. Wenn sie mich dazu bringen, ihnen einen Rabatt zu geben, dürfen sie mich nicht engagieren. Wenn sie mich aber haben wollen, müssen sie selbst daran interessiert sein, dass ich ihren Forderungen nicht nachgebe.

Um uns beiden eine goldene Brücke zu bauen, weil ich einerseits meinen Kunden helfen möchte, das Gesicht zu wahren, und andererseits selbst an einem anständigen Honorar interessiert bin, stelle ich eine Gegenforderung, mit der die Forderungen meiner Kunden kompensiert werden können.

Dieses Tit-for-tat-Prinzip, nie etwas zu geben, ohne etwas zu fordern, ist eine universelle Verhandlungsstrategie, die aber oft nur dann funktioniert, wenn man die verhandelbare Masse vergrößert.

Die meisten Einkäufer sind leider sehr einseitig auf den Preis fixiert. Doch nur über den Preis zu verkaufen kann schnell in den Ruin führen. Eine alte Kaufmannsweisheit lautet: »Wer billig gibt und teuer kauft, der hat am Markt bald ausgeschnauft.« Deshalb gebe ich meinen Kunden immer den Ratschlag, nicht nur nach dem Preis zu fragen, sondern herauszufinden, wie man die Interessen breiter aufstellen kann.

Merksatz:

Je größer die Masse ist, über die man verhandelt, desto wahrscheinlicher ist es, ein Ergebnis zu finden, das beide Parteien zufriedenstellt.

Dieses Modell, den zu verteilenden Kuchen zu vergrößern, lässt sich auch auf viele andere Situationen anwenden. Wenn zum Beispiel ein Lieferant nicht nur ein Teil, sondern gleich mehrere Teile liefern kann. Auch dann wird der Kuchen größer.

Fallbeispiel:

Ich habe einmal eine Seminarreihe bei einem Unternehmen gemacht, das Flugreisen anbietet. Wir merkten beim Preisgespräch sehr schnell, dass unsere Vorstellungen doch ganz erheblich auseinanderlagen. Aber im Vorgespräch, im Small Talk, also der letzten Phase der Verhandlungsvorbereitung, haben wir uns über das Reisen an sich und Reiseziele unterhalten. Und da hat mein Gesprächspartner herausgefunden, dass ich sehr gern in den Vereinigten Staaten Urlaub mache und gar nicht gern in der Touristenklasse fliege.

Deshalb kam mein Verhandlungspartner auf die Idee, dass er mir im Gegenzug, wenn ich ein niedrigeres Honorar akzeptieren würde, Urlaubsreisen für die Familie in der Business Class zur Verfügung stellen würde. Damit war der Kuchen, den wir untereinander aufteilen wollten, deutlich größer geworden. Ich hatte auf einmal nicht mehr nur noch mein Honorar im Kopf, sondern auch die Vorstellung, komfortabel über den Atlantik zu fliegen und am Flughafen bevorzugt behandelt zu werden.

All das hat er mir in glühenden, bunten Farben ausgemalt. Gleichzeitig konnte er vor seinem Vorgesetzten eine Minderung meines Honorars als Erfolg vorweisen. Wir waren also plötzlich in der typischen Win-win-Situation. Beide bekamen etwas, was sie sich wünschten, und es ging plötzlich nicht mehr nur noch um den Preis an sich.

Wenn ich ehrlich bin, mich haben die Business-Flüge wirklich gereizt, und ich bereue dieses Agreement bis heute nicht. Wenn ich aber einen Coach dabeigehabt hätte, dann hätte dieser vielleicht mit einem spitzen Bleistift nachgerechnet, welchen Wert die Flüge haben und was mich der Preisnachlass bei meinem Honorar kostet. Wer emotional nicht beteiligt ist, hat es viel leichter, sich auf die Metaebene zu begeben und die Übersicht zu behalten. Ich habe dagegen nur über den Daumen gepeilt und gesagt »passt«.

Wer von vornherein weiß, dass er bei bestimmten Verhandlungen emotional sehr stark engagiert ist und damit rechnen muss, deshalb Fehler zu machen, sollte vielleicht auch bei der Verhandlung selbst einen Coach hinzuziehen. Man kann sich sogar entscheiden, die Verhandlung gänzlich von jemand anderem führen zu lassen.

Mit der Tit-for-tat-Methode und dem Prinzip, den Kuchen in einer Verhandlung größer zu machen, haben beide Verhandlungspartner die Chance, immer auf Augenhöhe zu bleiben, nicht das Gesicht zu verlieren und eine Win-win-Situation anzusteuern. Wenn nur einer nachgibt, fühlt er sich als Verlierer und wird im ungünstigsten Fall über ein altruistisches Bestrafen nachdenken.

Man muss also nur etwas Fantasie mitbringen und sich auf die Verhandlung vorbereiten, um zu Lösungen zu kommen, die beide Seiten gut finden.

Fallbeispiel:

Ein großer Münchner Feinkosthändler wollte von mir seine Mitarbeiter schulen lassen. Es wurde immer nur über den Preis verhandelt, und am Schluss kamen wir fast ins Stocken. Dennoch haben wir eine Lösung ge-

funden. Meine Frau geht sehr gern bei diesem Händler einkaufen. Deshalb machte ich ihm den Vorschlag, dass ich ihm bei meinem Honorar entgegenkomme und er uns dafür einen hübschen Präsentkorb ins Haus schickt.

Das war die Lösung. Er konnte zeigen, wie groß die Vielfalt seiner tollen Produkte ist, und ich konnte ihm einen Preis machen, den er akzeptierte. Wir haben beide bekommen, was wir wollten, und wir sind beide als Gewinner aus der Verhandlung herausgegangen. Auch hierbei kommt es nicht darauf an, dass der letzte Cent verrechnet oder gegengerechnet wird, sondern darauf, sich als Gewinner zu fühlen und die Geschäftsbeziehung fortzusetzen.

Zusammenfassung:

Unbewusste Signale eines Gesprächspartners führen zu bestimmten Erwartungen und aktivieren das Belohnungssystem.

Eine Verhandlung zu gewinnen heißt nicht, dass ich Sieger bin und der andere Verlierer ist. Gewinnen heißt immer nur, sein Ziel erreicht zu haben. Es gibt Regeln für erfolgreiche Verhandlungen, die alle nur einen Zweck haben: das Belohnungssystem des Verhandlungspartners auf Hochtouren zu bringen.

Das Tit-for-tat-Prinzip, nie etwas zu geben, ohne etwas zu fordern, ist eine universelle Verhandlungsstrategie. Oft funktioniert sie aber nur, wenn man die verhandelbare Masse vergrößert.

Richtig verhandeln in der Krise

Fallbeispiel:

Bevor unsere Tochter Paula zur Welt kam, entschlossen wir uns, von einem großen Raum ein Kinderzimmer für sie abzuteilen, indem wir Wände und eine Tür einziehen ließen. Der Handwerker, der uns in den vergangenen Jahren immer einmal wieder bei Baumaßnahmen begleitet hatte, schaute sich die Räumlichkeiten an und schrieb dann auf einer Serviette sein Angebot auf. Er wollte den Auftrag für 1.500 Euro ausführen.

Von einem Bekannten hatten wir jedoch noch einen zweiten Handwerker empfohlen bekommen und ließen uns auch von ihm ein Angebot machen. Er kam mit einem ultramodernen Lasermessgerät, die Laserstrahlen schossen wie bei einer Lichtorgel durch den Raum, und als er fertig ausgemessen hatte, machte er ein Angebot über 800 Euro. Er war also bereit, für fast die Hälfte die gleichen Leistungen zu erbringen.

Am Ende haben wir uns doch für das teurere Angebot entschieden, denn unser Ziel war es nicht, um jeden Preis Geld zu sparen, sondern rechtzeitig vor der Entbindung ein funktionierendes Kinderzimmer zu haben. Als dann die Baumaßnahmen begannen, waren zwei Leute zwei Tage lang gut beschäftigt, um pünktlich fertig zu werden.

Ob der günstigere Anbieter die Arbeiten nicht vielleicht nur immer dann stundenweise ausgeführt hätte, wenn er gerade Zeit hat, und sich die Arbeit dadurch über eine oder zwei Wochen erstreckt hätte, weiß ich natürlich nicht. Aber ich habe den Eindruck, dass der höhere Preis durchaus gerechtfertigt und realitätsnäher war.

Die Wirtschaftskrise hat viele Menschen in Angst versetzt und zu unvernünftigem Verhalten verleitet. Unter Preis zu verkaufen ist eine

Variante davon. Aber jeder, der dies ausnutzt, gibt der Abwärtsspirale nur noch zusätzlichen Schwung.

Kurzfristiger Egoismus, grenzenlose Gier und Vorteilnahme führen auch in der Krise dazu, dass sich einige ihre Taschen auf Kosten anderer füllen können, indem sie die Angst der Schwächeren ausnutzen. Aber als generelles Prinzip taugt dieses Verhalten nicht. Die Kette der Verlierer wird dadurch auf Dauer nur noch länger und wird eines Tages auch die Profiteure erfassen.

Das heißt allerdings nicht, dass man die Krise nicht dafür nutzen sollte, Preisstrukturen zu überprüfen und überzogene Forderungen abzuwehren. Auf dieses für jeden Einkäufer unverzichtbare Verhalten wurde vor der Krise oft verzichtet, ganz einfach weil man es sich leisten konnte.

Der japanische Unternehmensberater Minoru Tominaga sagte einmal, dass man den Meeresspiegel absenken müsse, damit die gefährlichen Klippen sichtbar werden. Genau das ist durch die Wirtschaftskrise geschehen. Wir erkennen jetzt viel deutlicher, wo die Gefahren für unsere Wirtschaft liegen, was wir tun oder vermeiden müssen. Das Wichtigste ist aber, den Blickwinkel zu ändern.

Der Blickwinkel ändert sich

Angesichts der Finanz- und Wirtschaftskrise hat sich gerade im Business-to-Business-Bereich der Blickwinkel der Einkäufer in den Verhandlungen geändert.

Viele Unternehmen gehen dazu über, anstelle langfristiger Planungen und langfristiger Verträge, die dem Lieferanten viel Sicherheit bieten und dadurch meist günstigere Konditionen beinhalten, auf Sicht zu fahren. Alle cash-out-intensiven Maßnahmen werden auf das notwendige Maß reduziert, und die Risikominimierung steht für viele Unternehmen als neues Ziel im Mittelpunkt.

Zu den Aufgaben der Einkäufer gehört es, einerseits günstige Marktbedingungen wie zum Beispiel sinkende Rohstoffpreise mitzunehmen, andererseits aber auch flexibel auf die sinkende Nachfrage nach den eigenen Produkten zu reagieren und nicht zu hohe Lagerbestände aufzubauen und Kapital zu binden.

Gleichzeitig sollen die bestehenden guten Lieferantenbeziehungen auch nicht dadurch gefährdet werden, dass der Lieferant pleitegeht, denn es ist wesentlich teurer, neue Lieferbeziehungen aufzubauen oder am Ende der Krise frühere wiederzubeleben, als Kontinuität herzustellen.

Generell zeigt sich in der Krise, dass Einkäufer in Zukunft komplexer denken müssen und der Einkauf selbst keinen isolierten Bereich in einem Unternehmen darstellt. Die Idee des Supply-Chain-Managements gewinnt im Zusammenhang mit der Krisenbewältigung eine vollkommen neue Dimension.

Für den Konsumenten, der über entsprechende liquide Mittel verfügt, ergeben sich in der Krise natürlich in erster Linie die Chancen, Preisreduzierungen leichter durchsetzen zu können. In vielen Branchen gibt es Überkapazitäten, die abgebaut werden müssen. Auch ungenutzte Kapazitäten im Dienstleistungsbereich lassen sich jetzt deutlich günstiger einkaufen, wobei jedoch auch hier gilt, dass nicht alles, was billig ist, auch gut sein muss.

Wahrscheinlich müssen sich Konsumenten auch auf andere Sprachregelungen einlassen. Egal, ob ein Händler Möbel oder Elektrogeräte verkauft, in Anlehnung an die Automobilbranche gibt es immer häufiger sogenannte Abwrackprämien, also die Inzahlungnahme von Altprodukten statt Rabatte.

Anfang 2009 war allerdings kaum eine Dämpfung des Konsumverhaltens zu erkennen, doch wird diese sicherlich zu einem späteren Zeitpunkt noch auftreten, so dass dann die Nachfragemacht der Verbraucher, die es sich leisten können, gestärkt wird.

Im Bereich Business to Consumer wird es immer mehr Preisflexibilität geben, und der private Verbraucher wird sich deshalb stärker um mehr Markttransparenz kümmern müssen, damit er auch seine Verhandlungsmacht voll ausschöpfen kann.

Merksatz:

In der Krise ist der Markt nicht außer Kraft gesetzt, sondern gehorcht nur anderen Regeln.

Über den Autor

Frieder Gamm ist ein Mann der Praxis, der nicht nur die Abläufe in den Unternehmen kennt, sondern auch weiß, was die Menschen in Verhandlungen bewegt. Er war zehn Jahre im Einkauf und Vertrieb der Dr. Ing. h.c. F. Porsche AG in Stuttgart tätig. Dabei sammelte er Erfahrungen im Operativen und Strategischen Einkauf, im Projekteinkauf, im Auslandseinkauf und Global Sourcing, aber auch in Vertriebsprojekten.

Nach einer zertifizierten Trainerausbildung bietet Frieder Gamm seit 1999 auf der Basis seines praktischen Verhandlungswissens mit großem Erfolg Seminare und Vorträge im Bereich Kommunikation und Verhandlungsführung an. Weiter führt er für Unternehmen Verhandlungen durch oder begleitet sie. Schwerpunkte seiner Tätigkeit sind Einkauf und Vertrieb.

Die Frieder Gamm Group GmbH (FGG) konzipiert Trainingsveranstaltungen, Seminare und Coachings, die sich durch ihre Praxistauglichkeit auszeichnen und in ihrem modularen Aufbau individuell auf die Kundenbedürfnisse zugeschnitten sind. Nach neuesten methodischen und didaktischen Grundsätzen werden auch alle Veranstaltungen auf internationaler Ebene angeboten.

Weitere Informationen und Kontaktmöglichkeiten finden Sie auf der Internetseite www.friedergamm.de.

Stichwortverzeichnis

K

L

M

N

O

P

R

S

T

U